# 老中医爷爷的朋友圈 ②

论新手妈妈**的正确打开方式**

张中和　著

△ 团结出版社

图书在版编目（CIP）数据

老中医爷爷的朋友圈. 2, 论新手妈妈的正确打卦方式 / 张中和著. -- 北京 ：团结出版社，2017.10
ISBN 978-7-5126-2906-6

Ⅰ．①老… Ⅱ．①张… Ⅲ．①婴幼儿－哺育 Ⅳ. ①TS976.31

中国版本图书馆 CIP 数据核字 (2014) 第 131304 号

出　版：团结出版社
　　　　　（北京市东城区东皇城根南街 84 号　　邮编：100006）
电　话：（010）65228880　65244790（出版社）
　　　　　（010）65238766　85113874　65133603（发行部）
　　　　　（010）65133603（邮购）
网　址：http://www.tjpress.com
E-mail：zb65244790@vip.163.com
　　　　　fx65133603@163.com（发行部邮购）
经　销：全国新华书店
印　装：三河市祥达印刷包装有限公司

开　本：190mm×210mm　　　24 开
印　张：10.25
字　数：230 千字
印　数：4045
版　次：2017 年 10 月　第 1 版
印　次：2017 年 10 月　第 1 次印刷

书　号：978-7-5126-2906-6
定　价：30.00 元

# 目录
# Contents

Contents

one

# 第 一 章

## 新生儿疾病知多少

老 中 . 医 爷 爷 的
朋 友 圈 2

新生儿体温调节功能尚未完善，因此身体发热、体温升高是新生儿时期常见的一种症状。医学上认为，正常情况下的新生儿肛温应该维持在 36.2℃ ~ 37.8℃，而腋下温度一般较同时的肛温稍低，大概在 36℃ ~ 37℃。一旦新生儿的腋温超过 37.2℃，或者是肛温超过 37.8℃，则属于病性发热。

在确定新生儿属于发热症之后，对于发热温度也有一个量性的界定，以腋温为标准，腋温处于 37.5℃ ~ 38℃ 的发热状态属于"低热"，处于 38.1℃ ~ 39℃ 的温度属于"中度发热"，而处于 39.1℃ ~ 41℃ 则为"高热"，达到 41℃ 以上的温度是"超高热"。家长需要注意的是，由于新生儿体温调节不完善，对高热的耐受性比较差，当体温超过 40℃ 的时候，容易对脑部造成永久性损伤，因此，家长如果界定新生儿属于低热，可根据指引，采取科学合理的家居护理疗法，但一旦发现新生儿处在高热或中度发热，就要及时求医，采取医学疗法。

🏷 **典型病症:**

发热的典型病症是体温升高，身体发热最直接、明显的病症是新生儿腋温超过 37.2℃ 或肛温超过 37.8℃。除了体温升高之外，随着发热程度的不同，新生儿会伴随出现食欲不佳、嗜睡、哭闹不休、情绪烦躁、活动力减退、昏睡、头部僵硬 、嘴唇发紫、呼吸较正常时候困难等症状，如果患儿体内积热、脾胃不佳，还会伴有腹泻、呕吐等病症。

## 🔍 致病成因：

新生儿不同的发热病症体现出不同的发热病因，生活中比较常见的致病原因主要有高温环境发热、感冒病性发热、脱水性发热及感染性发热等。

1.环境温度过高导致的新生儿发热：如果环境温度偏高，新生儿会在高温环境下出现血管扩张的症状，体温会升高，主要表现为盗汗、出汗，汗珠多数出现在前额、鬓角及前胸、大腿内侧等处。从某种程度上讲，因为外围环境温度的影响而使新生儿出现发热症状，其实是一种新生儿体温调节，增强自身免疫功能的表现。但需要注意的是，一定要及时为新生儿补充水分，以免新生儿脱水。

2.感冒病性发热：新生儿因为受寒而出现感冒、伤风等外感疾病，由于体温调节机能不完善，也会有发热低烧等病症的出现，伴随有鼻塞、流涕、哮喘、食欲不振等症状。由于感冒伤风等病性发热是新生儿免疫功能的正常表现，因此在新生儿感冒时如果体温维持在39℃以下，不建议长期给新生儿服用退烧药或者打点滴。但如果婴幼儿体温超过39℃就要及时就医，对新生儿进行"退热"处理。

3.脱水性发热：脱水性发热又称为"脱水热"，是指新生儿在出生2~3日内温度升高，出现烦躁、哭闹、脸颊潮红及少尿等症状的一种病症，要注意补充水分，体温便能逐渐恢复正常。

4.感染性发热：感染性发热是一种细菌及病毒感染，导致机能出现炎症，而致使温度上升，增强自身免疫功能的一种体温调节模式。患儿会伴有反应迟钝、食量减少、面色苍白、哭声低弱、气息虚衰的病症。

小悦是刚足月的女婴，小悦的妈妈抱着小悦来找爷爷看诊，说女儿发热，可能患了感冒，希望爷爷赶紧给小悦退烧。爷爷赶紧给小悦做了详细的检查，发现小悦并非外感伤风而致的发热，而是由于体热不散所导致的发热，于是便询问妈妈小悦的具体起居情况。妈妈说，自己老是怕小悦会着凉，大热天也给小悦穿特别多。特别是傍晚时分，还要给小悦包上小毛巾，以防入夜之初的气温骤降。

爷爷听后给小悦妈妈解释说，她的做法是很多妈妈共有的误解，这种包得严严实实的做法，对孩子尤其是 3 个月以下的新生儿并不好。爷爷说，小悦并无大碍，只是散热不及，因为小悦在白天温度较高的情况下，体温会随之调节而相对升高，到了晚上，由于体温调节较慢，散热不及时，所以小悦比成年人需要更多的时间来使体温与环境温度相适应，就要慢慢地散热。偏在小悦身体需要散热的时候，妈妈给包裹了一层又一层，反倒阻碍了小悦的身体散热，进而引发"发热"。

爷爷建议小悦的妈妈要多了解孩子的身体机能，注意室内通风和散热条件，不要一味给小悦穿太多的衣服，多给孩子喂服清水，就能有效根治小悦反复发热的问题。

小悦的妈妈按照爷爷的建议照顾小悦，很快，小悦的发热情况有所见好，不再反复发热了。

新生儿，尤其是出生 3 个月以下的患儿出现发热症状时，家长一定不能随便使用退热药物，因为药物毒性会影响和扰乱新生儿的体温调节机制，加之新生儿汗腺不发达，服用退烧药的效果会较成年人食用退烧药的效果差，反而对新生儿稚嫩的机体造成伤害。因此，爷爷认为，物理降温，是给新生儿退热的既安全又实效的好法子。

1.注意室内的通风和散热。很多家长会因为新生儿发热，生怕孩子受寒而紧闭门窗。这种做法其实是不对的，因为空气的充分流通是提升新生儿自身退热机能的良好保障。同时，要注重室内的散热，因为环境温度对新生儿的体温有很大的影响，家长最好保持室内温度在21℃～23℃。

2.敞开包被或脱去多余的衣服，帮助新生儿的身体散热。中国有句老话说，发热就是喝碗热茶，盖个棉被，憋一身汗就能好。但是这点却不能用在新生儿发热之上。主要是因为新生儿汗腺不发达，自身散热速度比较慢，如果家长还特意给孩子多盖被子或者多穿衣服，无疑是加重新生儿身体散热的负担。因此，为孩子进行物理退热最基本的第一步是给患儿选择宽松的衣装，脱去棉被包裹。

3.要给患儿多喂服温开水或者维C果汁，以充足的水分，帮助孩子自身退热，同时能避免孩子脱水。

4.为患儿洗个温水澡，有助调节体温，还可以用酒精拭擦患儿的关节处，如腋下、背部、腹股沟及四肢关节等。洗温水澡时，也要重点擦洗前额、颈部、腋窝、腹股沟及四肢，将擦浴时间维持在10～15分钟，至患儿体温降到38℃即可。

## 中医辩证：

中医认为，新生儿发热的原因主要是由于禀赋不足，正气不调，兼外感寒邪，邪郁卫表，邪正相争所致。因为小儿卫外功能不足而遭遇外邪侵袭，则风邪入体，兼杂寒、热、暑、湿、燥等邪毒，亦有时行疫毒所致，从而导致感邪发热，久之则使患儿肺脾气虚、营卫不和、肺阴不足，引发哮喘、肺炎等病症。

新生儿发热，要特别注重饮食调理，一方面要增强患儿的水分吸收，增加维生素C、葡萄糖等元素的吸收。另外，要注意少食多餐。很多家长由于眼见患儿食欲不振，所以每次喂哺都希望孩子多吃母乳以保障身体机能。但是爷爷特别提醒，在新生儿发热期间，过饱会增加孩子的脏腑负担，不利于退热。建议母亲可以适当将喂哺时间间隔缩短，单次喂哺的时间减少，达到少食多餐。

**02** 新生儿"百日咳"，
家长知多少

　　"百日咳"是新生儿和婴幼儿常见的疾病，又称"鸡咳"和"鸬鹚咳"，是一种以阵发性痉挛哮喘为特征、哮喘时伴有特殊呼吸吼声的疾病，严重者会引发新生儿窒息而危及患儿生命。因此，百日咳是一种常见却需要引起重视的新生儿疾病。

　　百日咳病程较长，通常会达 3 个月以上，因此有"百日咳"之名，此病具有较强的传染性，在婴幼儿阶段可以通过飞沫传播，全年均有发病可能，其中以 6、7、8 三个月为发病高峰期。一般而言，5 岁以下的儿童在痊愈后会有持久免疫的能力。但是新生儿的情况则不一样，因为新生儿从母体得到的特异性抗体非常少，是"百日咳"的高发群体。

🏷 典型病症：

　　百日咳由于病程较长，所以在不同时期的病症特点也会有所不同。医学上对百日咳的病程进行了划分。潜伏期，是指病原体在患儿体内产生影响而被完全激发的过程，平均有 7~10 天；前驱期，是指病原体活跃对身体产生影响的初期，一般维持在 3~4 天；其后则是百日咳痉咳期，患儿会在 2~6 周时间内持续出现痉挛性哮喘；直到痉咳期完成，患儿才会逐渐进入恢复期，大概需要 2 周时间左右。

1. 前驱期病症：患儿会出现哮喘、喷嚏、低热等上呼吸道症状。此种症状大概会维持 3~4 天，其后上述症状会逐渐减轻，低热开始消失，但哮喘会逐渐加剧，发展成阵发性痉挛期，这个时期的百日咳病毒传染性最强，而患儿的免疫力最低，因此家长要加倍注意患儿的隔离及防护。

2. 痉咳期病症：痉咳期的主要特征是患儿会出现阵发性痉挛性哮喘，短促哮喘频繁，而且呈现出张嘴呼气状态，同时急促哮喘完之后，患儿会有深长的吸气动作，此时还会出现高音调鸡啼声或吸气性吼声，接着继续痉咳，反复如此多次，直至咳出黏稠痰或呕吐为止。患儿痉咳时脸色会潮红、舌头外伸，躯体弯曲作团状，呈现出呼吸困难的痉挛状态。

3. 恢复期病症：当患儿的哮喘逐渐减轻，次数减少，吼声消失至哮喘停止，精神食欲逐渐恢复正常的时候，则表明患儿已经进入了百日咳的恢复期。需要注意的是，如果患儿在恢复期遇到烟味、呛鼻的气味或者尘埃，又或者是上呼吸道出现细菌感染，痉咳可再次出现，因此，在患儿步入恢复期之后，家长一定要注意空气流通及日常护理。

## 🔍 致病成因：

爷爷特别提醒，家长一定要注意将新生儿百日咳和感冒引致的"久病成咳"区分开来。百日咳的致病成因主要是百日咳杆菌侵入新生儿的呼吸道，百日咳杆菌进入呼吸道之后会黏附在呼吸道上皮细胞的纤毛上，并且在潜伏期繁殖衍生出毒素，使患儿的纤毛运动出现障碍，甚至破坏纤毛细胞，进入刺激新生儿的呼吸道神经末梢，使患儿反射性地出现痉挛性哮喘。因此，新生儿百日咳，不能简单地根据外感感冒所引发的哮喘来治疗。

**真实案例：**

健健是两个月大的男婴，出现了持续哮喘，久治不愈，妈妈便抱着健健来找爷爷看诊。爷爷给健健检查了一下，发现健健并非因为伤风感冒而引致的哮喘，于是便细问妈妈健健的病发症状。妈妈说，健健是间歇性的哮喘，但是一咳起来就特别辛苦，四肢会紧抓着，哮喘时会发出长而尖锐的鸣叫声。很多时候一咳就是十几分钟，咳到脸色涨红，气喘难平，直到咳出痰或者无力为止，家长看着十分心疼。前后找了不少感冒药和清热解毒药给健健吃，就是不见好。

爷爷说，健健并非感冒，而是患了百日咳，吃感冒药自然是治不好的，打点滴也没用，反而有可能加重孩子身体的负担，不利于孩子自行康复，对于百日咳的治疗，最重要的是固本培元。因为百日咳是由于细菌感染所引起的痉挛性哮喘，孩子之所以会那么辛苦是因为细菌影响到呼吸道神经，使孩子的身体出现反射性哮喘。因此，缓解百日咳的最佳手段，是从"解痉"入手。可以给孩子喂服葡萄糖水和维生素 K1，同时保障空气质量，有利于患儿心肺功能的康健，则能使百日咳加快痊愈和恢复。

健健妈妈按照爷爷的建议，慢慢给健健调理，还不时在清水中加入了适量的维生素，增强了健健的体质，健健大概在 4 周左右开始步入恢复期，身体慢慢地好起来了。

**治疗方法：**

新生儿脏腑娇嫩，百日咳会影响心肺功能的发展，但是服用西药又容易加剧新生儿的肠胃负担，有时反而会弄巧成拙，使患儿体质倍加虚弱，因此，爷爷建议对于轻症新生儿百日咳，家长最好采取物理治疗和食疗调理两种方式。

1. 物理治疗：所谓的物理治疗，主要是通过外部协同动作，缓解新生儿哮喘时痉挛程度的一种手法，通过减轻痉挛程度，减轻痉咳对新生儿脏腑的不良影响。当新生儿出现痉咳的时候，家长可以将孩子的头轻轻向下斜，取头的低位，轻轻拍按患儿的背部，便可缓解痉挛程度。

2. 食疗调理：家长除了母乳喂哺之外，可以适量给患儿喂食葡萄糖水和维生素K1，因为葡萄糖和维生素K1能起到缓解神经刺激、解痉的作用，同时又不像西药那样对患儿的身体造成刺激。另外，对于三个月左右的患儿，可以将雪梨和鲜莲藕榨成汁，去渣取液给患儿喂服，能够润肺止咳，消炎去毒。

3. 环境配合：要注意保持患儿卧室的空气清新，适当采用空气净化器过滤尘埃和细菌，同时家长要注意安抚患儿的情绪，避免因为气味、食物的刺激或哭泣而诱发痉咳。

## 中医辩证：

中医认为，百日咳属于"疫咳"的范畴，从中医的角度上主要分为风邪袭表、肺热壅盛和气阴亏虚三大类型。风邪袭表所引发的百日咳，主要由于患儿先天不足，正气不固，加外感寒邪或者病毒所引发；而肺热壅盛型的百日咳，是指患儿心肺积热，肺气不宣，加之病毒感染，宣泄不已，使热毒壅盛所致；而气阴亏虚型，则是因为患儿阴元不足，中气不正所引发。

爷爷认为，在患儿百日咳的过程中，家长应该多注重为患儿调理脾肾，例如将鲜芹菜榨汁，加入适量的蜂蜜调和，适量喂服给新生儿；又或者用新鲜的玉米须煮汁来给患儿喝，这些都是对预防和治疗百日咳很有功用的，再配合规律的作息时间和均衡的饮食，能有效降低百日咳对患儿身体的影响。

### 日常护理:

1. 切忌紧闭门窗，要保持空气流通和清新。还多家长眼见孩子哮喘厉害，就会怕孩子着凉而紧闭门窗，这样做并不好，因为患上百日咳的患儿由于痉咳，会出现频繁的剧烈哮喘，肺部会积极换气，如果紧闭门窗，空气不畅，可能会造成患儿的肺部供氧不足。因此，当孩子患上百日咳的时候，家长一方面要多注重保持室内的空气流通，另一方面可以多抱着孩子到空旷、清新的绿茵草地或者公园逛逛，让孩子呼吸新鲜空气。

2. 要注意少食多餐，切忌让患儿过饱。因为百日咳病期很长，对孩子的身体消耗很大，过饱会加重患儿的脾胃负担，心脏要输出很多的血液维持脾胃功能和肠道蠕动，进而可能影响呼吸系统的供氧，不利于孩子康复。因此，当孩子患上百日咳的时候，家长在喂哺方面要多加留心，注重少食多餐，就像"羊吃草"那样，每一次吃得不多，但是次数频繁一些，就能达到容易消化，营养充分吸收的效果。

3. 避免对患儿造成刺激。因为气味和尘埃等刺激都可以诱发患儿出现痉咳，家中如果有抽烟的人士，一定不能在患儿发病期间在室内，甚至距离室内不远的地方抽烟。同时，炒菜做饭等会产生油烟的行为也最好能挪至室外，或者到完全封闭、不会影响到患儿的地方进行。

## 03 新生儿腹泻，是脾胃响起的警号

　　新生儿腹泻是一种由细菌、病毒、真菌或者寄生虫感染所引发的常见疾病，传播途径以乳头、食具及成人带菌者传染为主，由于病毒感染所引致的腹泻有传染性，可以通过空气传播，而新生儿的免疫功能不完善，容易形成爆发性、流行性及大面积的感染，因此，新生儿腹泻是一个需要防治结合的疾病。

### 典型病症：

　　由于腹泻是因消化道感染所引起，因此发病初期，患儿会出现食欲不振、腹胀、腹痛甚至呕吐和发热的症状。当腹泻进入发病期，患儿会出现腹泻，排便次数明显超过平日习惯频率，而且粪便水分过多，食物残渣明显未完全消化，会呈现出豆腐渣状，颜色偏黄绿色，有腥臭味。

　　爷爷说，腹泻的影响和症状不简单地局限在"拉稀"上，因为腹泻会引发患儿体内的水分和电解质平衡紊乱，因此，患儿还会出现面色灰黄、四肢发凉，尿排量减少等症状，严重者会出现脱水现象。

### 致病成因：

　　新生儿脾胃功能不健全，加之对抗感染的免疫系统不完善，受环

境影响较大，因此造成新生儿腹泻的原因比较复杂。

1. 饮食不洁：在喂哺过程中，如果母亲的乳头沾有细菌，或者喂哺的乳品和食具未完全消毒，都有可能使新生儿肠胃受到细菌感染，出现肠炎甚至细菌性痢疾，从而引发腹泻。

2. 消化不良：由于脾胃功能不完善，新生儿对食物，甚至乳汁的耐受性较差，如果主食从母乳转变为奶制品，或者吃奶过饱，消化不了，又或者母体食用了某些刺激食品，衍化到乳汁之中，刺激到新生儿的脾胃，也会产生新生儿腹泻。

3. 轮状病毒感染：新生儿腹泻中，轮状病毒感染还是占有一个比较高的比例的，尤其是秋冬季节，轮状病毒感染高发，小儿的胃肠道抵抗力差，很容易感染病毒而得秋季腹泻。

4. 气候转变：季节转变，或者天气突变，使新生儿的腹部受寒或者受热，引致肠道蠕动增加或者胃液分泌减少，可能使新生儿腹泻。

🔲 真实案例：

黄先生和黄太太好吃辣食，在孩子满了三个月之后，孩子便开始有腹泻症状。在发现孩子腹泻之后，黄先生第一时间带孩子到医院打了点滴，做了消炎和收敛腹泻的处理。但是过后两天，孩子腹泻又犯了，而且身体愈发虚弱，食欲不振，不敢再继续给孩子打点滴，于是便赶紧找爷爷帮忙看诊。爷爷给孩子做了检查，发现孩子并非感受病毒使肠胃发炎而引起的腹泻，于是便询问孩子的进食情况。黄太太说，孩子进食算是正常的，就是吃过母乳之后，容易腹泻。爷爷琢磨着可能是饮食不洁的问题。黄太太却解释道，自己一直很注重乳头的卫生，都有清洁处理，但是由于产后食欲不振，乳水不足，便食用过让她垂涎三尺的麻辣烫。

爷爷说，母体的吸收对于乳汁的成分有非常大的影响，加上孩子脾胃虚弱，便更不建议母体食用过于刺激的食材。于是爷爷建议黄太太要尽量以清淡饮食为主，目前在孩子的腹泻期间，可以尝试给孩子禁食几个小时，期间多喂清水和淡盐水。待腹泻情况有所收敛之后，再按照少食多餐的原则给孩子喂哺。另外，由于孩子肚子饿了，会吃得急，影响消化。因此建议黄太太在喂奶前先给孩子喂点葡萄糖，缓解饥饿感。

黄太太回家后按照爷爷的叮嘱，多吃黄豆炖猪蹄等清淡的汤水，少食多餐地给孩子喂奶，并多喂清水，不到两天，孩子腹泻的情况便好起来了。

## ✿ 治疗方法：

爷爷建议，对于新生儿腹泻的治疗最好采用"先抑后扬"、"调理为本"的原则。很多家长在患儿出现腹泻的时候会食用抗生素，虽然能有效抗菌，收敛腹泻，但是对孩子的身体造成影响，而且并不治本。因此，爷爷认为，对于新生儿腹泻的治疗最好从根本调理做起。一方面，在喂哺方面要"先抑后扬"，在腹泻期间，尤其是当孩子会出现呕吐症状的时候，可以适当停止喂哺，让患儿禁食 4 小时，使肠胃消耗减轻，增强机体抵抗和恢复能力。期间要多给孩子喝水。其后，在腹泻稍微缓和之后，要鼓励孩子逐渐进食。因为腹泻期间，孩子可能会出现腹痛，甚至肠胃痉挛而影响食欲，此时家长要分餐多喂哺，让孩子吸收充分的营养，刺激胃液分泌，趋向平衡，缓解腹泻。

另一方面，要合理搭配，在母乳或奶制品喂哺的同时，注意给孩子补充水分和葡萄糖等成分，也可以用胡萝卜榨汁，稀释后喂给患儿，因为胡萝卜本身富含维生素 A，能够帮助小儿恢复体力。如果患儿腹泻情况持续，为了保证体内电解质和水分的正常水平，可以适当给小儿喂食淡盐水。

## 中医辩证：

从中医的角度上讲，新生儿腹泻主要是由于脾胃不和、湿毒内蕴、外感内伤三大原因所致。脾胃不和，是指新生儿脾胃不健，或肠胃受损，水反，而成湿，谷反，而成滞，水谷不化而内积成疾，使体内精华之气不畅，合污下降而成泻。湿毒内蕴，是指热湿或寒湿过盛，湿胜则濡泄。而外感和内伤，则是由于新生儿脾胃虚弱，外感邪毒或久病成伤，使乳哺不消所造成的腹泻现象。

## 日常护理：

对于新生儿腹泻，爷爷建议家长要多注意患儿的饮食和卫生护理。首先，当患儿发生腹泻的时候，家长要注意患儿腹部的保暖，用毛巾裹住腹部，定期用温水袋敷着腹部，但切忌用温热的湿毛巾，因为湿毛巾可能会使外湿内泄，最好是采用暖水袋或者干毛巾做好腹部保暖。要注意在患儿排便后，及时用温水清洁臀部，一来防止红臀现象的出现，二来由于患儿腹泻所排出的稀便有可能带有细菌，及时清洁臀部能够避免细菌内走入体内影响患儿身体康复。三来，家长在孩子腹泻的时候，要适当为患儿喂服淡盐水，防止患儿因为腹泻而脱水，造成身体虚脱，体质下降。

**04** 新生儿反复呼吸道感染的
内外因

新生儿反复呼吸道感染，是指新生儿出现上呼吸道感染 7 次以上或下呼吸道感染在 3 次以上的一种病症。此病属于新生儿和婴幼儿的常见疾病，病发率高达两成左右。病发时，新生儿会出现明显的腹泻、反复高热、鼻塞、咽痛以及食欲不振的症状。主要是由于先天性因素及机体免疫力低下所引起，还有的新生儿是由于体内缺乏必要的微量元素和维生素所致，另外，喂养不当、护理不周等后天因素也容易引起新生儿出现反复性的呼吸道感染疾病。一般以感冒、急性鼻炎、扁桃体炎等上呼吸道感染居多，也有新生儿由于治理不当而引发支气管炎和肺炎等下呼吸道感染病症的情况。

🏷️ 典型病症：

反复性呼吸道感染的主要病症是呼吸道感染的病情反复，容易复发。一般来说，病情比较轻的新生儿会出现微热、鼻塞、喷嚏不已、干咳、喉咙痛、厌食的症状，家长细看会发现新生儿的扁桃腺充血通红，有发炎的症状，但是由于发热不是特别明显，一般会低于 38.5℃，容易被忽视，因此，当家长发现孩子老是干咳，不想吞咽东西的时候，就要为孩子多量体温，及时求医。

而情况较为严重的患儿，会出现 39℃~40℃的高热、流鼻涕、哮喘以及烦躁不安的症状，患儿出生周数不多的话，还会产生腹泻、呕吐等明显病症，高热反复达一到两周。

🔍 致病成因：

现代医学认为，新生儿反复呼吸道感染是内外因共同作用的结果。内因是病毒所致，由于新生儿感染病毒之后，虽然经过治愈，但免疫系统还是难免会受到影响，造成新生儿免疫力降低，引起免疫系统功能暂时性或者永久性的抑制。这种抑制的时间会因人而异，因此，在这期间，新生儿的免疫力不足，如果不加强护理，或者饮食不节，就容易使病毒复发。一旦再次感染，免疫力受到抑制又会重复出现，使免疫系统恢复正常的时间相对延长，进而容易出现反复性的呼吸道感染。

另外，造成反复性呼吸道感染还有一定的外源因素，需要家长加强护理。一方面，如果是体重偏低、早产或者多胎的新生儿，体质会相对偏低，免疫能力较弱，需要特殊护理。另一方面，如果新生儿在婴儿期喂养不当，例如母乳不足或者缺乏母乳，或者是人工喂养不合理，都会引起消化不良，脾胃不和，导致营养不足，造成呼吸道感染的反复性发作。

📷 真实案例：

小薇是一位 80 后妈妈，对新生孩子百般呵护，但是孩子却老是感冒发热，不得不来找爷爷求助。小薇说，孩子打从出生以来至今 4 个月大，前后都感冒了六七遍了，而且老是低烧，一到晚上还会干咳，微热。到医院打了点滴，低热有缓解，可还是鼻塞、哮喘，让她和丈夫很是担忧。

爷爷细心给孩子做了检查，发现小薇错了，孩子不是得了感冒，而是呼吸道感染，而且有反复性呼吸道感染的苗头。爷爷说，由于孩子是早产儿，先天不足，小薇虽然百般照顾，可没抓住重点，以致孩子的身体不但没有改善，反而更加虚弱了。爷爷说，像小薇孩子这样的病症，属于体虚受到呼吸道感染，最好服用抗生素，提升免疫和调节恢复功能来改善病情。

于是小薇在爷爷的指引下，按疗程给孩子服用相关的抗生素，孩子的呼吸道感染才有了改善。

## 治疗方法：

### 1. 针对性治疗

医学研究表明，反复呼吸道感染的新生儿与健康新生儿相比，口咽部的需氧菌和厌氧菌的含量和比例都明显增高，因此，针对这种情况，有的专家认为，针对性地利用非发酵菌进行治疗，对于防治下呼吸道感染会有比较显著的效果。

另外，医学表明，锌元素和铁元素的缺失对引发新生儿反复性呼吸道感染有比较明显的作用，因此，防止新生儿缺锌、缺铁，以及缺乏维生素A，对于降低呼吸道反复发作病发率有很好的疗效。

### 2. 抗感染治疗

在现代医学范畴应用相对广泛的疗法是抗感染治疗疗法，就是在感染期对新生儿进行抗感染治疗，缓解期则应用免疫调节剂增强机体免疫，补充微量元素，提供营养等疗法。

## 中医辩证：

中医认为，新生儿体质虚弱，正气亏损是反复呼吸道感染的主要原因，主要是由于肺、脾、肾三脏亏虚所引起。有四大成因：一是新生儿先天禀赋不足，气血生化无源，导致肺气虚缺；二是后天护理不当，母乳喂养不佳，损伤新生儿脾胃，使脾胃亏虚，营卫失充，肝火积滞，则使寒邪入体难祛；三是正气不足，加上脏腑娇嫩，气血未盈，卫外不固则伤及内腑，感染频发；四是肺脾肾三脏亏虚，使气滞血瘀。

### 📋 日常护理：

对于反复呼吸道感染的新生婴儿，愈后护理是一大关键。首先，可能针对性地对患儿展开特殊护理，例如，如果是因为缺乏微量元素或者微生态所需元素不足而导致反复感染，那么愈后护理的过程中，可以有针对性地进行补充，以增强患儿自身的修复力及免疫力。其次，爷爷提醒家长两个日常护理的要点。一是加强维生素 A 的吸取。因为维生素 A 有助于保持呼吸道黏膜上皮的完整性，增强机能的免疫功能，因此注重给患儿多吸收维生素 A 对于治疗新生婴儿反复性呼吸道感染有很好的功效。二是服用抗生素必须要按疗程服用。有的家长对于抗生素的应用不合理，也会对反复呼吸道感染的治疗造成不良影响。有的患儿受到的呼吸道细菌感染还没到住院标准，不少医院会给家长开抗生素的药方，不少家长会觉得抗生素吃多了，对孩子身体可能造成不良影响，于是在给孩子进行抗生素治疗的时候，用药两三天，等孩子呼吸道感染症状改善了，退热了，就会停止给孩子服用。爷爷说，服用抗生素期间，孩子体内的致病病菌只是暂时受到抑制，还没有彻底被消除，如果不按足疗程来服用抗生素，就容易使细菌长期处于潜伏状态，给孩子造成慢性病灶，待天气转变或者孩子体虚的时候，病菌就会转向活跃，从而出现反复性呼吸道感染。因此，爷爷叮嘱家长们要注意，抗生素最好是按照疗程来服用。

## 05 如何护理新生儿脐炎

新生儿脐炎，分为急性脐炎和慢性脐炎两种，是一种脐残端细菌性感染疾病。急性的新生儿脐炎，是指患儿肚脐周围组织出现急性蜂窝组织炎症，甚至并发出现腹壁蜂窝织炎的一种病症。因为引发新生儿脐炎的病原菌主要是金黄葡萄球菌，因此，脐炎如果得不到适当及时的治疗，还可能发展成脐周脓肿，甚至败血症。而慢性脐炎，多是由于急性脐炎患儿治疗不彻底、不规律或者久治不愈，导致脐带脱落或遗留的未愈创面或者局部伤口受到刺激所引起的一种慢性炎症。

### 典型症状：

1. 急性脐炎的症状：急性新生儿脐炎主要表现为脐带脱落后，伤口延迟痊愈，有溢液，脐轮出现红肿，脐残端有黏液或者脓性分泌物，在脐凹处会出现小肉芽，病情严重的，会有脐周红肿、发热、疼痛等蜂窝织炎的症状，轻按脐周，脓性分泌物会溢出，伴有臭味。一般而言，急性脐炎多是局部性发炎，全身症状比较轻微，但是如果细菌感染扩散至腹膜，引发腹膜炎的时候，患儿会出现发热，使白细胞含量增多，若经由血管蔓延，则有可能引发败血症，使患儿出现面色苍白，拒乳、拒食甚至呼吸困难的症状。

2. 慢性脐炎的症状：慢性脐炎的临床表现主要是脐部出现少量黏

液或者脓性分泌物，脐部伤口久不愈合，脐部周围红肿，患儿会有轻微发热，不肯吃奶、吐奶、情绪波动、哭闹甚至腹泻等症状。

## 致病成因：

### 1.急性脐炎：

新生儿急性脐炎的主要致病原因是，出生后新生儿在扎脐带时受到了感染，如脐茸或脐窦的感染，或者脐带脱落前后被体内的粪便、尿液所感染；又或者是出生前，羊膜比较早破损，造成脐带被污染所引致。另外，在分娩过程中，脐带可能被产道内的细菌感染，或被脐尿管瘘或黄管瘘的流出物污染，也有可能造成新生儿急性脐炎。

### 2.慢性脐炎：

慢性脐炎的致病原因，多是因为急性脐炎未完全治愈，迁延而形成慢性脐炎或者脐肉芽肿。还有另外一些情况就是新生儿脐带过早脱落，留下了未完全愈合的创面，创面受到细菌感染，或者脐窝内有异物。例如有的家长会给新生儿使用爽生粉，这些异物长期间刺激到脐窝，也会引发慢性脐炎，如果脐炎得到适当及时的治疗，就会衍生形成脐肉芽肿。

## 真实案例：

爷爷曾经有一位患儿，是个 7 个月大的男婴，总是出现脐炎，妈妈前后多次找爷爷看诊，爷爷也多次给孩子开了治疗慢性脐炎的方剂，可是孩子的慢性脐炎就是反复发作。男婴的妈妈说，自己也按足爷爷给的方剂对孩子进行治疗。爷爷检查孩子的脐窝，发现是细菌反复感染的缘故，于是妈妈便老实招认了，说自己看着孩子的脐窝总是好像有分泌物，加上药膏对脐部会造成刺激，便使用过滑石粉和爽生粉之类的东西，希望让孩子的脐窝保持干燥，以免患病。

　　爷爷一听便向妈妈解释道，由于急性脐炎所引发的创面，是使不得滑石粉和爽身粉的，因为这些物质停留在脐窝，会造成孩子的脐窝长期受到刺激，加上创面溃破后需要自然康复，如果用刺激性物质覆盖住创面，则有进一步发炎和溃疡的可能，这便是孩子慢性脐炎老不根治的罪魁祸首了。

　　这位妈妈听后，再也不敢用爽身粉了，就是在屁股上给孩子涂爽身粉也特别小心，大概一个月之后，孩子的慢性脐炎便根治了。

### ✿ 治疗方法：

　　新生儿脐炎的治疗一般以脐部局部治疗为主，如果是急性脐炎，首先要对感染创面进行紧急处理，用 3% 过氧化氢溶液和 75% 乙醇进行清洗，去除局部结痂，如果感染不严重，可以用热盐水湿敷，并保持脐部干净清爽和干燥。对于急性脐炎所引发的脐部脓肿，可以在脐周外敷金黄膏，以限制感染范围，同时促进脓肿形成并向外溃破，待脓肿形成后则要切开脓肿，将脓液引向脐部以外的地方流出。当家长发现患儿身体伴随有发热症状，食欲不振的时候，要切忌当心出现全身感染，要注意给患儿补充水和电解质，以提升患儿的机体免疫力，如果高烧不退，可适当补充血浆或白蛋白，以免患儿情况进一步恶化引致败血症。

　　如果是慢性脐炎，首先要保持创面干燥，不能乱使用药膏，定时使用过氧化氢对创面进行清洁。如果出现脐部肉芽，小的肉芽创面可用 10% 的硝酸银烧灼，再配合抗生素油膏涂于创面；如果肉芽创面较大，则需要以手术切除或电灼去除肉芽组织。保持脐窝清洁、干燥即可愈合。

## 中医辩证：

中医认为，新生儿脐炎的治病成因主要在于新生儿先天禀赋不足，血不和中，有水湿风冷等外感邪毒，壅聚搏结，久浸脐部，则致脐湿。加之婴孩脏腑稚嫩，热湿不宣，郁结与脐部，风热相搏，湿毒相乘，侵蚀肌肤，则化热为脓，形成脐疮。如果脐疮不消，热毒不退，风寒不祛，则容易进一步影响心肝脾胃，使婴孩肺气难泄而产生全身性疾病。

## 日常护理：

新生儿脐炎，大部分情况下还是可以预防的，新生儿的家长一定要切记，在新生儿脐带没有完全脱落之前，不要用水盆给新生儿洗澡，最好使用温热的毛巾给新生儿擦浴，因为脐带浸泡后不仅会延迟脱落周期，还更加容易感染到细菌，进而引发脐炎。给新生儿选择衣服的时候，最好选择质地柔软，透气性强的，避免与脐部摩擦过多，出现创面，引发感染。另外，尿布不宜过长，不要长时间覆盖到脐部，使用爽身粉也要加倍注意，千万不要直接在脐部使用爽生粉，也要避免在身体其他部位使用爽生粉的时候有残留物流入脐窝。在脐带完全脱落之后，如果家长发现孩子的脐窝还有分泌物，则最好早晚使用碘酒涂在脐窝处，进行消毒。当孩子的脐部出现红肿或者脓性分泌物的时候，家长要及时送孩子到医院求诊，千万别乱用药物。

## 06 预防吞气症，喂哺手法是关键

新生儿吞气症是一种新生婴幼儿的常见疾病，是指婴儿在吸奶的时候吸入大量空气，由于空气积聚在胃部的下部，奶液进入了胃部的上部，使吸入的空气不能溢出，进而下走至大肠、小肠，使肠壁肌肉出现阵发性痉挛，引发腹痛或者腹部不适的一种疾病。由于婴孩还没有语言能力，肠壁痉挛以及腹痛的外表症状又不明显，因此吞气症很容易被家长所忽视，使家长误以为孩子只是撒娇，不肯吃奶。爷爷说，吞气症虽然没有急迫性的直接影响，但是长期吸入空气容易使孩子肠胃出现问题，严重时还会伴有剧烈的腹痛，因此家长一定要多加重视。

### 典型病症：

吞气症虽然外表症状不明显，但是由于新生儿脏腑娇嫩，所以吸入空气后对孩子的脾胃会产生比较大的影响。表之于外的症状主要有两个：一个是孩子在吃奶的过程中突然间中断吃奶，双手握拳，神情紧张，面红耳赤或者脸色苍白。第二个是，如果孩子突然间在睡觉的时候惊醒，高声尖叫，辗转不安，盗汗发冷，吐奶不止，甚至频频放屁，则可能是患上了吞气症。

## 🔍 致病成因：

爷爷说，一般而言，患有吞气症的新生儿肠胃比较敏感和虚弱，因为当空气进入肠道之后，会促使迷走神经兴奋进而引发阵发性肠壁肌肉痉挛，但是一般婴儿能够通过排气放屁得到缓解，而脾胃虚弱的婴孩由于肠道敏感，空气不易排出，阻断了肠内容物的通行，使肠道出现肠蠕动紊乱，引发腹痛。

另外，爷爷认为，母亲喂哺的姿势及手法对于新生儿吞气症的形成有很大的关系。如果母体奶头括约肌过度紧张，奶头太短，婴孩容易吸不到奶水，由于用力吮吸，则会导致婴孩吸入大量空气。如果是采用人工喂哺，奶瓶侧放的时候，奶嘴没有充满奶水，而是一半是奶，一半是空气，也会导致孩子吸入大量空气。还有一种情况就是孩子喂哺不周，饥饿过度，导致吸奶的时候用力和紧张，也会引发吞气症的出现。

## 🔳 真实案例：

爷爷曾经替一位新生儿看症，母亲抱着孩子找爷爷说：孩子老放屁，不吃奶，不知道是不是得了什么病。爷爷一听，赶紧给孩子做了一个详细的肠道检查，发现孩子患上了吞气症。爷爷细心问了妈妈的日常喂哺情况。这位妈妈说，孩子刚满 3 个月，自己就去上班了，一般是上班前喂哺一次，中午一下班就赶紧喂哺。爷爷一听，便觉得不妙，细心给这位妈妈解释道，男婴性子较急，如果喂哺时间间隔太长，孩子可能饿过头了，一到妈妈下班喂奶的时候便会急着吃奶，从而导致吸奶的过程中吸入大量空气，这是吞气症形成的主要原因。

爷爷教妈妈一个方法，母乳有一定的保质期，因此建议妈妈可以在上班前挤出一份分量的母乳，置于冰箱的保鲜格中。在妈妈上班的过程中，姥姥可以温热母乳，喂哺孩子一次，不至于孩子因饥饿过头而吸入空气。

这位妈妈按照爷爷的叮嘱细心做好，孩子的吞气症很快便得到了改善，不再痉挛不吃奶了。

### 治疗方法：

对于吞气症的治疗，爷爷认为，首先要从母体的喂哺抓起。如果孩子出现吞气症，母亲首先要检查自己的乳头，看是不是括约肌过度紧张，或者乳头过短，要及时进行调整。如果调整之后，孩子还是长期出现吞气症，家长要及时带孩子到医院进行胃肠道检查。

如果患儿的吞气症不严重，但较为频发，家长可以在婴儿出现吞气症的时候，用一条温热的毛巾敷在孩子的腹部，用手轻揉，平时在喂哺完毕之后，母亲应该将孩子竖直抱起，让孩子的头靠在母亲的肩膀上，轻拍孩子的背部，帮助孩子排出吞入的空气。轻拍完了之后，将孩子放回床上，最好给孩子采用右侧的睡眠卧位。

### 中医辩证：

中医认为，出现吞气症的新生儿多是由于脾胃不和、肠道虚弱、内气难宣所致，应该采取和胃益中、调息养气的方式进行护理。

### 日常护理：

吞气症多数出现在性情比较急躁的孩子身上，因此，母亲最好不要在孩子哭闹的时候喂奶，最好先安抚孩子的情绪，使孩子情绪平缓之后再进行喂哺。如果采用人工喂哺，要让奶嘴充满乳汁，如果采用母乳喂哺，母亲不适宜侧卧着给孩子喂奶，最好站着或者正坐着喂奶。另外，母亲要注意定时给孩子喂奶，让孩子饮食有规律，不要让孩子饿太久，每次喂奶不要超过 20 分钟，在哺乳完之后，将宝宝竖直抱起，给孩子拍拍背。

**防止新生儿出现五硬症状的方法**

　　五硬症，是一种新生儿常见的疾病，是指新生儿头颈、口嘴、手脚和肌肉很僵硬的一种病症。一般来说，此病多发在寒冷的冬季或者深秋季节，而且以早产儿、体弱儿以及多胎儿的发病概率较高。由于五硬症多有各种全身性并发症，因此经常会危及新生儿的生命，家长必须引起重视。

### 典型病症：

　　患上五硬症的患儿会出现局部皮肤和皮下脂肪僵硬发冷，水肿，不能捏手，体温偏低、食欲不振，气息微弱等症状。严重的患儿还会伴有全身肌肉僵硬，口唇和发端发紫，关节僵直，不能弯曲等病症，如果五硬症得不到及时有效的治疗，还可能引发肺炎、败血症以及肺出血等严重疾病。

　　爷爷特别提醒家长，有的情况下，家长会将五硬症和新生儿水肿混淆，从而延误了五硬症的治疗。爷爷说，五硬症的新生儿也会出现水肿，但多是手足局部水肿，一般不会波及眼睑、阴囊、手掌心等处。而新生儿水肿一般会出现在孩子出生102天之内，波及的范围也比较大，手足项背、眼睑、头皮和阴囊等处都会出现水肿。因此，当家长发现孩子出现局部患处水肿，而眼睑、头皮和阴囊等处不见异样的时候，就要多加留心，赶紧到医院进行检查，看看孩子有无患上五硬症。

### 🔍 致病成因：

此病多出现在体弱早产新生儿身上，因为先天不足，心肺功能不完善，导致体内血液循环不佳，加上外感寒气，没有及时得到恰当的护理，新生儿就会有比较高的概率患上五硬症。而且由于体弱，患儿的体温调节功能和免疫系统功能会有所下降，导致寒气郁结，影响血液循环就会导致肌肉出现僵硬和水肿的情况。

### ⊞ 真实案例：

方太太是一位国企员工，由于工作竞争激烈加上意外怀孕，方太太在没有调理体质的情况下便决定生下小孩。怀孕前三个月吃下了不少伤胎气的东西，例如冰啤酒和生冷食品。爷爷一直担心方太太的胎不稳，结果不出所料，胎儿虽然只是提前了一个星期出生，但是出生的重量只有2.7公斤，体质虚弱。方太太出院两周左右回来找爷爷帮忙，说孩子不大对劲，好像嗜睡懒动，加上气息微弱。爷爷赶紧进行检查，发现他患上了阳气不足型五硬症。爷爷说，五硬症没有即时见效的方子，便教方太太用韭菜煮水，拌入白酒的方法定时给孩子小腿、腹部和臀部等患处外涂，平时睡觉的时候不要让孩子睡婴儿床，最好贴着肉抱着孩子睡。另外，爷爷还细心指导方太太用药，让方太太用煮沸的人参水和葡萄糖水适当代替清水喂服给孩子喝。结果两个月之后，孩子的五硬症消失了。

### ⚛ 治疗方法：

由于导致五硬症的内在体质影响因素比较多，爷爷认为，五硬症要分症辨治，紧紧抓住致病的源头。如果患儿多出现体温偏低，唇色偏淡，面色暗沉灰白，嗜睡少动，肌肤发冷发硬等症状的话，家长可以轻轻按压患儿僵硬的患处，如果按之凹陷，久不平复，则可能是由于阳气虚衰所致的五硬症，应该给患儿多服益气温阳的方剂。如果患儿四肢发凉，硬肿范围不大，多是面颊、臀部和小腿等处出现僵硬水肿，脸上灰暗，唇色暗红，有状似冻伤的红肿色，则很可能是寒凝血涩所致的五硬症，应该以温经活络为主要疗法。

另外，爷爷说，对于五硬症的治疗，家长们不能操之过急，如果症状不明显，家长可以在日常生活中配合治疗，放热水袋到患儿的床被中，或者由家长贴着肉地抱着患儿，使孩子体温上升。如果体寒和僵硬情况进一步严重，则要放置在暖箱中，最好从26℃开始，每小时上升1℃为宜，4~6小时逐渐升至30℃～32℃。爷爷提醒，使用暖箱或者暖炉，不宜升温过快，应在医院的指引下进行。

对于硬肿处的缓解，家长可以取韭菜，加水煮沸后，加入适量白酒，用温热的纱布蘸透后，外涂于患处，缓解硬肿情况，加速血液循环。对于满月后的孩子，还可以适当采用针灸疗法。但是爷爷提醒，必须在专业医师的操作下进行。

### 中医辩证：

中医认为，五硬症主要是由于小儿先天禀赋不足，气血不充盈所致，加上后天缺乏特殊护理，外感寒邪所致。寒邪入体，疏泄不及，直中脏腑，伤及脾胃和心肺，使患儿阳衰加剧，不能温暖肢体，又加速了寒邪凝结，气血运行不畅，气滞血瘀，则形成冷硬红肿。

### 日常护理：

爷爷认为，五硬症的预防胜于治疗。建议母体在怀孕期间要做好保健工作，强化产前检查的强度，尤其是本身患有贫血或者心肺疾病的母亲，一定要注重保健和调。另外，在冬季或者深秋生产的母亲，要做好产房和居家保暖措施。对于体虚的新生儿要给予特殊护理，条件允许的话，建议多采用暖箱或者氧气箱，待新生儿体质提升了再进入日常护理环境。

新生儿的皮肤黏膜非常脆弱，容易受到白色念珠菌的感染。而这种感染常导致鹅口疮的发生。由于免疫功能未能发育完全，低体重儿、早产儿感染鹅口疮的概率更大。此外，导致这种病症的另一重要原因是：广谱抗生素的过多使用。

### 典型病症：

鹅口疮会导致黏膜病变，出现红色片状斑点，斑点之上覆盖着乳白色的物质，呈块状，难以清除。牙龈、口腔比较容易出现这些症状，情况严重者，咽喉部也会出现。患病新生儿往往伴随以下症状：呛咳、进食困难或是进食时突然啼哭、声音嘶哑。情况严重时，可能会出现发绀、呼吸困难等症状。

### 致病成因：

引起鹅口疮的感染包括外源性和内源性。外部接触通常会引起外源性鹅口疮，而新生儿免疫功能发育不全则是内源性鹅口疮的发病原因。念珠菌是种常见的真菌，广泛存在于生活之中，白色念珠菌是其中一种，它常引起鹅口疮。这种病症的多发人群包括抵抗力低下的婴儿、久病或病后体弱的成年人以及滥用抗生素的人群。

引起白色念珠菌感染的情况包括：

1.通过与携带念珠菌的玩具、衣物和食物等物品接触而感染。

2.婴幼儿所使用的进食餐具没有进行彻底消毒，喂奶前，乳头没有仔细清洁。

3.婴幼儿在人群密集的场所受感染的概率更高，如幼儿园。

4.如果母亲本身感染了念珠菌，新生儿在出生过程中，难免会受到感染。

5.抗生素是治疗念珠菌感染的药物，但长期滥用反而造成体内平衡状态被打破。

### 🗂⊕ 真实案例：

最近，王小姐发现半岁的女儿有些不对劲，不愿吃奶，有时还莫名奇妙地大哭。王小姐认为肯定是肠胃有问题，于是给女儿喂了些健脾养胃的药物，自己也维持清淡的饮食，以免女儿喝了母乳上火。此外又担心是女儿受了惊，还用土法子收了惊。遗憾的是，这些方法都没起效，女儿仍然没有食欲。王小姐赶紧打电话给爷爷求助。

爷爷到家里后，发现王小姐的小女儿进食或喝水的时候，总是相当抗拒，根本不愿意含住奶嘴。爷爷见状心里有了底。爷爷打开小女儿的嘴，果然看到白色的溃疡长满了口腔黏膜。爷爷指着嘴里的白点，告诉王小姐，这是鹅口疮，婴幼儿的脾胃功能发育还不完全，如果母亲的饮食不够清淡，孩子喝了母乳就会上火，燥火积于脾胃，就会引发鹅口疮。另外，母亲的乳头或是奶瓶、奶嘴不洁净，也会引发这种感染。

爷爷说，新生儿患鹅口疮这种情况很常见，不必着急，只要稍加注意就可以避免。主要注意两方面，一方面是母亲吃得要清淡；另一方面，要保持乳头的清洁。爷爷选择了给孩子喂食冬瓜荷叶汤。爷爷还特别交代，婴幼儿脾胃功能欠佳，即使是冬瓜荷叶汤也不宜太油腻。张小姐给小女儿喂了汤水，几天后，嘴里的鹅口疮果然开始好转。

## 治疗方法：

1. 为了加快溃疡愈合，可以用液剂冲洗口腔，液剂选用 2% 的苏打水就可以了。冲洗之后，再把 1% 的龙胆紫涂于患处，次数不用太频繁，每天 1~2 次就够了。

2. 制霉菌素片（每片 50 万单位）也是治疗鹅口疮的药物，在 10 毫升冷开水中加入 1 片制霉菌素片，每天 3~4 次的频率涂于口腔内，几天内就可以好转或是愈合。如情况比较严重，建议到医院进行诊治。

## 中医辩证：

在中医看来，虚火上浮、心火上升、脾胃积热都会引发鹅口疮，但三者会有些微区别，因此治疗方法也不一样。对于虚火型患者来说，口腔内虽有溃疡，但较少出现白色斑点，用食疗治理较为适宜，多食用滋阴降火的食物即可。除了出现溃疡外，心火上升时，患者还会出现焦虑不安、口干舌燥等症状，对于这种症状，清心泻火必不可少。脾胃积热导致的鹅口疮会让人没有食欲，同时，口腔内长满白色溃疡，因此清热是关键。

## 日常护理：

1. 如果母亲有相关的感染，一定要及时治疗，以免传染给婴儿。

2. 用来喂养的餐具要彻底消毒，洗干净之后要再蒸一蒸。

3. 用母乳喂养的母亲一定要注意自身的卫生，喂奶前一定要清洗乳头。

4. 婴儿喝奶后，再喂几口温开水，以冲掉残留的奶水，消灭霉菌生长的环境。

5. 玩具、被子等物品应经常清洗、消毒。清洗时，应与成人的物品分开。

6. 多让孩子在户外运动，以提高免疫力。

7. 如果孩子在幼儿园就读，应提醒孩子注意卫生，不要混用别人的用品。

8. 不要随意使用抗生素，应遵照爷爷的相关指导。

## 09 新生儿奶后呕吐的护理方法

新生儿各项功能尚未发育完全，胃肠功能尤其如此，因此常常呕吐时，强力的腹肌收缩和恶心现象常伴随出现。因为婴幼儿常出现呕吐现象，大部分家长没有将此放在心上。他们不知呕吐也有分类，对于病变性呕吐，如果没有及时注意到，可能会导致婴儿的咽喉和肠道产生损伤。因此，家长们不要掉以轻心，应时时关注孩子的各种症状。

### 典型病证：

1. 出生几周的时候，新生儿常出现溢奶现象，一般出现在喂奶后，次数不确定。在溢奶时，奶水是在无压力的情况下缓缓流出，并非喷射而出。因此溢奶不会对新生儿造成伤害，家长不必惊慌。

2. 如果婴儿呕吐次数频繁，呕吐物呈喷射状而出，这种情况就比较严重了，如果呕吐物量大，而且当中还含有胆汁或呈粪样状，则很有可能是新生儿存在畸形的消化道，在这种情况下，应尽快前往医院治疗。

3. 患有某些内科疾病的新生儿，也会出现伴随性的呕吐。这种情况下，呕吐情况不严重，多为间歇性呕吐。以呼吸道感染为例。呼吸道受到感染的小儿，除了出现流涕、发热、鼻塞等症状外，还会出现呕吐的症状。

## 致病成因：

归纳起来，导致婴儿呕吐的原因主要有三方面。第一是新生儿的胃肠发育不完全，食道肌肉张力较弱，蠕动不够有力，贲门难以关闭严实。这些生理特点让婴幼儿容易呕吐。喂奶后，食物常常淤积在胃部，当孩子身体晃动过大时，食物就冲开贲门，倒流回来。第二个常见原因则是姿势不正确。新生儿的胃是水平的，与成人的垂直方向不同。年轻的父母如果经验不足，采取了不正确的姿势喂奶，则会引起吐奶。第三种情况比较复杂，各种类型的疾病通常是诱因。例如，如果宝宝感染了呼吸道疾病，就算姿势完全正确，也有可能因为腹压过高，而出现呕吐的现象。

## 真实案例：

女儿小娜吐奶非常严重，甚至吐奶后还会出现憋气的情况，小脸蛋憋得通红，张妈妈看着心痛得不得了，于是向爷爷寻求帮助。

经过认真仔细的检查之后，爷爷的答案让张妈妈放了心。原来，小娜呕吐的主要原因在于喂食过多。爷爷建议，张妈妈应减少每次的喂奶量，同时增加喂食次数。另外，山药有利于脾胃功能，张妈妈平时可以做些山药粥，给小娜当辅食。爷爷还告诫妈妈们，如果小宝宝出现严重呕吐情况，一定要及时前往医院就诊，以免错过最佳治疗机会，造成终身遗憾。

爷爷的方法果然很有效，张妈妈发现小娜吐奶现象得到控制，身体也越来越结实。

### 治疗方法：

1. 喂奶后，不要大幅度地晃动婴儿，最好让他躺卧一段时间。躺卧时，身子要朝向右侧。

2. 在分娩时，如果新生儿吞入了羊水，也会出现呕吐现象。这种呕吐通常出现在分娩之后，一般情况不严重。情况严重时，一定要到医院洗胃。

3. 如果乳头凹陷或过小，或人造奶嘴里有空气，则小宝宝在吸吮过程中，会有空气进入胃中，引起呕吐。因此，应做好乳房和奶嘴的护理，减少吐奶发生的机会。

实践证明，以上方法都能很好地解决婴儿吐奶问题。如果上面的方法不管用，父母应该意识到情况可能比较严重，马上前往医院就诊，以排除病理性溢奶的可能性。

### 中医辩证：

胃气上逆则会吐奶，这是中医的理论。新生儿抵抗力低下，容易受寒凉邪气入侵。寒凉入侵表现在胃部则是胃气不舒、胃气上逆。这种情况下，生姜红糖水是一味很好的药。生姜性热，化解寒凉之功能强大，止吐的效果非常好。在日常生活中，父母也要注意给小宝宝保暖，多喂温开水，防止胃部受凉。

### 日常护理：

由于婴儿的胃具有特殊的生理特征，每次喝完奶后，空气会存在胃的上部，这样胃会受到较大的压力，这种情况往往会造成吐奶现象的出现。如果父母能在进食后轻拍小宝宝后背，帮助胃中空气排出，则出现吐奶的概率要小很多。其他方法，比如趴在父母肩上，向右侧躺卧，头部抬高，也能有效地排出空气，减轻胃部压力。同时，应坚持少食多餐的原则，每次喂奶量不宜过多。

　　喂奶的姿势也非常重要，抱起的姿势为最佳。如果不得不采取卧位时，一定要注意让宝宝的头的位置比脚高。对于母乳喂养的情况，乳汁流速不宜过快，母亲应加以控制。控制的方法很简单，乳房用四指托起，拇指置于上乳晕，这样的手势非常方便控制乳汁的流出。用奶瓶喂养者，应注意不能让人造奶头的孔过大，另外，应在奶水充满整个奶头后再开始哺乳，这样可以防止空气进入。为了避免吐奶，喂奶后尽量不要抬高孩子的脚来更换尿布。大部分的吐奶都是胃食道反流，对于这种情况，不必前往医院，在家里就可以很好地处理。方法很简单：让小宝宝侧卧 20 分钟。侧卧时，头应比脚高 15 度左右。每天坚持 2~4 次。另外，在这期间，一定要有人专门看护，防止意外情况的出现。

新生儿缺铁性贫血是种非常常见的病症，该症是由于体内铁质缺乏引起的，而铁质是血红蛋白合成的必要物质。如果在脾、肝、骨髓等其他组织中找不到可染色铁质，并且血清转铁蛋白饱和度和血清铁浓度都不达标准，那么就可以判定患有该病症。

## 典型辩证：

倦怠乏力，面色萎黄或苍白，恶心嗳气，吞咽困难，食欲减退，腹胀腹泻等都是该病症的典型症状。除此之外，患者只要稍微活动，就会出现头晕耳鸣、气喘吁吁、心跳过快的症状。另外，患该病症的女性多有妇科病，比如闭经或月经不调。

铁是人体必要微量元素之一，如果缺乏，会出现明显的症状：食欲不振、便秘或并发口舌炎、舌乳突萎缩、口角炎等。长期缺铁者会出现匙状指甲，皮肤干枯，皮肤黏膜苍白，心跳过速。如果不及时补充，则可能发展成充血性心力衰竭，危及生命。

## 致病成因：

合成血红蛋白离不开铁元素，身体内的骨髓、脾、肝等系统富含铁元素，可以提供合成所需量的 1/3。另外，血红蛋白分解时，也会提供部分铁给身体系统。因此，身体缺铁的机会并不大，缺铁情况的出现往往是由于特殊情况的存在。

1. 人对铁的需求量并非一成不变，在哺乳期及妊娠期，这种需求量会明显增加。如果不能及时补充，人体就会缺铁，从而引发贫血症。

2. 红细胞储存着人体大约 2/3 的铁，如果人体大量、反复失血，那么铁元素含量也会随之下降。引起失血的原因有很多，像常见的钩虫病，就会导致肠道出现慢性出血现象；女性长期性经血过多，也会导致身体失血过多。另外，如果尿内失铁的状况存在时间过长，也会导致贫血。

3. 研究表示，胃肠道的上皮细胞会不断脱落和衰老，而体内的游离铁会随之不断丧失。上皮细胞的更新速度不是一成不变的，如果患上脂肪泻、萎缩性胃炎或胃部大部分被切除，这种速度就会加快，游离铁的失去速度也就越快。

## ⊡ 真实案例：

小乐出生时非常健康，但随着年纪的增长，身体却越来越瘦小，比同龄人都要矮小，而且脸色发黄。

父母觉得之所以出现这种情况，跟肾阳不足或是蛔虫病有关。所以，小乐服下了各种驱虫药，喝了无数的补肾的汤水，但效果都不明显。无奈之下，小乐的父母找到了爷爷。

爷爷询问完小乐的饮食习惯，又把了脉之后，断定小乐患了缺铁性贫血，而非肾阳不足。小乐不爱吃蔬菜和肉食，只喜欢泡菜等腌制类食物。根据小乐的饮食偏好，爷爷推荐了花生糊、芝麻糊和红枣粥等食物。建议小乐先吃这些食物，随后再添加肉类，以补充身体所需的铁元素。

爷爷认为，腌制的食物，虽然味道不错，但缺乏营养，不建议小朋友过多食用。另外，小朋友的脾胃尚未发育好，过补不但不利于身体，反而伤了脾胃，影响脾胃的消化和吸收能力，得不偿失。

按照爷爷的方法，小乐的身体状况果然大有起色。

## 治疗方法：

亚铁制剂（琥珀酸亚铁或富马酸亚铁）是最常见的补铁制剂。服用铁制剂要注意有些事项。第一，口服是补铁的最佳方式。第二，每天补充量不必太多，150~200mg就足够了。第三，不要与茶同时服用。因为茶叶中含用鞣酸，该成分和铁会发生化学反应，形成不易吸收的沉淀物。第四，钙盐及镁盐都是抑制身体吸收铁的物质，所要不要同铁制剂同时服用。铁制剂给身体补充铁元素的效果是非常明显的。但即使血红蛋白数量达到标准，患者仍不能停止服用。一般建议，等到患者的血清铁蛋白达到50μg/L的标准，这时候再停止服用比较合适。

## 中医辩证：

缺铁性贫血被中医称作"血虚"，也属于"黄肿"、"虚黄"的范畴。传统中医认为，脾胃统血，肾、肝、心等器官对血的影响也非常巨大。因此该贫血症的发展，多半是五脏功能失调所致。因此，中医的治疗也建立在此理论之上，讲究根据脏腑阳阴虚实进行辩证治疗。

1.如果患者脉虚而软，疲乏无力，唇舌色淡，面色发白，食欲不振，大便溏软，那么必为脾虚气弱型血虚。炒白术、陈皮、党参、炙黄芪、茯苓、当归等对于改善这些症状都非常有效。

2.如果患者除了出现倦怠无力、皮肤干燥，面色苍白的症状外，还出现睡眠不实、心慌气短，这说明是心血亏虚，可以用这些药物治疗：丹参、党参、川芎、龙眼肉、熟地、白芍、当归、酸枣仁等。

3.如果前两者症状兼而有之，则必定是气血两虚，可用以下药物来调理：炙甘草、陈皮、阿胶、鸡血藤、川芎、熟地、当归、茯苓、白术、党参、黄芪。

4.肝肾的失调也会造成血虚，这类血虚往往导致患儿生长发育受限，表现为智力低下、表情呆滞、双目干涩、头晕目眩，影响极为严重，应加紧治疗。用于治疗的药物主要有：紫河车粉（吞服），枸杞子、怀牛膝、当归、熟地、制首乌、阿胶、白芍、龟板等。

🗓 日常护理：

1.女性在妊娠和哺乳期容易出现缺铁情况，应注意补充。

2.哺乳期要及时添加辅食，尤其是铁含量丰富的食物，如鱼、肉类、动物的肝脏等。在食物中适量加入铁制剂也是不错的选择。

3.早产儿、低体重儿往往缺铁严重，应尽早进行补充。

4.因钩虫病会导致人体失血缺铁，因此，在其多发区域，应加强防治工作的开展。

5.慢性消化道疾病常导致慢性出血，如果患有该种类病症，应当及时治疗。

## 11 新生儿口周湿疹很容易被忽视

　　婴儿经常性的吮吸手指或者舔嘴唇，使唇边的皮肤受到唾液的刺激，是新生儿口周湿疹病发的主因。另外，婴儿吃奶过敏、消化道对摄入食物过敏也是湿疹发作的原因之一，这种过敏也包括母体摄入虾、蟹等易过敏食物所造成的状况。顾名思义，湿疹的发病症状是在身体的任意部位，或分散或密集的长出一些红色的小斑点。一般来说，脸部是最容易生出湿疹的地方，一旦湿疹开始生长，会形成流黄水的水疱，水疱干燥时会产生麻痒的感觉，严重时，这种麻痒让婴儿难以忍受，不断烦躁地抓挠，从而很易造成婴儿皮肤出血，再次感染细菌，出现脓疱。

### 典型病症：

　　口唇干疼、四周皮肤呈炎性鳞状，相继出现的红斑、丘疹、水疱、脓疱、糜烂、结痂等症状是口周湿疹发病的主要临床表现，自然在某些情况下，一些皮疹也不一定会循序出现，两三种皮疹一起出现在某一病发阶段的情况也是存在的。通常来说，湿疹刚开始发病时呈现的是有渗液的红色小丘疹，随后红疹结痂、脱屑，但长期反复，难以一次治愈，这期间由于极度瘙痒，宝宝会不断抓挠，从而使病情更加恶化，这其中，尤以两三个月大的宝宝最厉害。

## 🔍 致病成因：

长牙、口腔狭小、流口水是婴儿湿疹发生并长期不愈的主因。而消化道食物摄入致敏、母乳过敏、母亲食用鱼虾蛋类等后哺乳孩子也是湿疹发生的经常性诱因。湿疹多发生在头面部，初期为红色针眼大小的斑点，分片或聚集在一起生长，严重后会流黄水结痂，结痂造成的麻痒让婴儿不断抓挠患处，从而易出血，引起脓疱等其他症状。

## 📖 真实案例：

出生第 42 天，是陈家宝宝首次生出湿疹的时间，当时集中生长在面部、四肢身侧也有一些，但这之后 5 个月，一些红斑、水泡、丘疹就相继在宝宝口周蔓延，但无黄水渗出，病情加重，为此小陈专门改用了低敏奶粉，但不见效果，这之后，宝宝的病情仍然顽固，小陈只好带她来找爷爷。

爷爷告诉小陈，湿疹发生时，家长最该做的是控制病情。若是只有部分皮肤干燥的轻度症状，保持给孩子使用一些无刺激保湿润肤的保湿剂就行，要是保湿剂不奏效，则可选择性地使用一些弱效皮质激素软膏。当然了，40 多天的婴儿是湿疹多发群体，其自身抵抗力脆弱，湿疹症状从最初的头面部的干燥性红斑或小丘疱疹发展成大片红斑，甚至破脓流黄水的严重情况是经常发生的，对于这些湿疹面积大、流脓结痂甚至有皮肤糜烂状况产生的婴儿在使用皮质激素或外用抗生素软膏的同时，还可用药性较温和的中药液洗浴以达到清热排毒、短时间内缓解症状的效果。

为了减轻皮肤炎症和感染症状，监护人应用类固醇激素软膏给孩子持续涂抹几天，之后再为孩子在口周患处涂抹凡士林以防唾液刺激皮肤。

1.饮食管理，哺乳时不能过量，若牛奶过敏可选用低敏奶粉如雀巢超级能恩，或者将牛奶煮沸，如有必要，羊奶、豆浆等也可作为奶粉的替代品使用，当然，若过敏特别厉害，选择蔼儿舒等特殊配方的奶粉也不错的。要是蛋白过敏，母婴不吃或少吃鸡蛋，单吃蛋黄是可行的办法。

2.服用非那根、扑尔敏、苯海拉明等抗组织胺类药物对止痒抗过敏有良好的效果。其中具有镇定作用的抗组织胺类药物要比息斯敏等非镇静类药物效果显著。

3.急性湿疹且其余疗法收效甚微者可选择性短期使用注射或口服皮质类固醇激素来控制缓解病情，但此法易复发，不除根，副作用大，建议谨慎应用。

**"尿布疹"能防能治**

> 尿布疹又称红屁股，是由尿布紧厚肮脏或长时间浸泡在尿液中造成婴儿臀部娇嫩肌肤受到刺激变得粗糙或者生出红色小疹子的病症。多数婴儿都会患此症，且需要注意的是一些敏感性高的孩子，屁股上出现红色发痒肿块时，也许就是患了此症。

一周岁，尤其是 7~9 个月可食用食物增多的孩子是尿布疹多发群体。这期间的婴儿摄入食物种类增加，尿便对皮肤刺激加大，若得不到及时清理，易患此症，另外，母亲服用抗生素也是致病原因之一。

### 典型病症：

尿布疹是婴儿夏季多发的一种臀部皮肤炎症，一般表现为臀部红疹，严重时会出现溃烂，使婴儿焦躁易哭。初时，尿布疹的表现为臀红，臀部及周边的皮肤有充血发红现象，若病情加重则会出现丘疹红斑、渗液脱屑等，此时症状尚属中度。要是继续恶化成重度尿布疹则很可能造成深度溃疡，继而诱发褥疮或细菌感染。

1. 使用尿布不当

用了对宝宝皮肤有刺激的油布、塑料布、上色染料布、橡皮布等做的尿布或者尿布没有清洗干净，遗留了尿渍、粪便等极易分解刺激皮肤的残留物。

2. 宝宝方面的原因

宝宝排汗量等同成人，但汗腺发育不完全，少而紧小，高温环境下，不能及时排出湿热之气，造成尿布疹。

婴儿身体机能活跃，新陈代谢快，排尿次数多，若清理不及时，使宝宝的臀部长期被尿便包裹、潮湿污秽，易引发尿布疹。

婴儿娇嫩的皮肤比较薄，稍有碰触摩擦便会受伤，再加上抵抗力和免疫力弱，对外部皮肤刺激比成人要敏感很多。

真实案例:

对三个月大的宝宝，刘女士一直护理得特别细心，每天都在宝宝排便后用温水清洗，洗过后还要擦上护臀膏，可即便如此，她的宝宝肛门和屁股上还是生了许多小疹子，吃药也不管用，刘女士很心焦，就带着孩子来给爷爷看看。

尿布更换不够及时，是爷爷给刘女士指出宝宝尿布疹病发的原因。对此，刘女士表示赞同，她说，宝宝很爱喝水，尿尿时还经常尿湿屁股，她给孩子用的是尿不湿，作用不大，更换频率太勤，一时照顾不到，宝宝的屁屁就湿了，从而引发尿布疹。爷爷告诉刘女士，要时刻保持宝宝尿布的干爽，更换时要彻底清洗尿布覆盖的区域，洗完后要擦干宝宝屁股上的水渍，切忌来回擦，同时换尿布时也不能忘记给宝宝使用凡士林等护肤软膏，让宝宝的肌肤不致被尿便浸染。质地黏稠的锌氧粉和凡士林是爷爷推荐给刘女士的护肤软膏，效果不错。同时爷爷还建议刘女士给宝宝使用非一次性、较大些的纸尿裤，给宝宝穿裤子的时候裤带系松些，棉质尿裤和塑料套裤也不能叠加同时使用。另外，如果条件允许，温度适宜，室内或室外干净清爽最好让宝宝脱掉尿裤，也不擦什么隔离霜，裸着小屁股在外面玩耍，长时间地直接接触空气，还有，晚上睡觉的时候，也给他垫块塑料布在床垫上，让他光屁股睡，这样对尿布疹的痊愈效果非常显著。刘女士采纳了爷爷的建议，并全部照做，不出一周，她的宝宝尿布疹就几乎好得差不多了。

## ✾ 治疗方法：

### 1. 外涂疗法

用法：每日3~4次用达克宁霜药膏涂抹宝宝的小屁股，涂抹之前必须用温水清洗宝宝臀部并用软纱布擦干，涂抹时间一般为7~10天。

### 2. 电灯照射治疗

在宝宝患处 35 ~ 40cm 外使用聚光灯或 60 ~ 100W 的普通电灯泡照射 20 ~ 30 分钟，照射间隔在 3 ~ 4 小时，照射之前要以棉球沾清水清洁宝宝患处，尿布也要干燥整洁。

### 3. 电吹风

用温水清洁宝宝臀部等患处，然后在 14 ~ 16cm 外，使用 450W 的电吹风机轻度转动吹拂，保证皮损部位表面温度约 38℃，每次 5 ~ 8 分钟。根据病情的差异，轻度、中度、重度的吹拂频率分别为每日 1 次、2 次和 3 次。

## ♉ 中医辩证：

外感毒邪，内兼蕴热。脾失健运，湿热内盛，浸渍肌肤，是中医认为的尿布疹病发主因，其症状为舌质红润，苔黄腻。由是，由活血解毒、富含紫草素、味甘美的紫草和蕴含大量维生素 E 的芝麻配合应用而制成的紫草芝麻油被中医推荐为治疗尿布疹的良药。此外无毒、止痛生肌、消炎杀菌的跌打万花油和周林频谱治疗仪配合，可以高效、快速地治愈尿布疹。另外，清热泻火的西瓜霜对尿布疹尤其是婴儿红臀的治疗也有非常良好的效果，而且没有副作用。

## 日常护理：

1. 及时更换尿不湿，保持宝宝臀部清洁干燥。

2. 出现红臀，首先要清洗，然后涂抹鞣酸软膏，若小屁屁已经出现糜烂症状，可在患处用 1% 的龙胆紫涂抹。

3. 清洗宝宝的臀部时要用清洁的温水，不能用对皮肤有刺激的肥皂等。

4. 让哭闹频繁的宝宝坐进盆里用温水清洗臀部。

5. 在床垫下垫上布制或棉质的小垫子就不怕被褥被尿湿了。

6. 夏季或高温天气条件允许的话可让宝宝光屁股。

7. 尽量不用爽身粉。

8. 氧化锌油对宝宝皮肤溃疡流水有特效，涂抹时注意保护好宝宝的患处肌肤。

## 13 新生儿湿疹的家居调理方法

小儿湿疹俗称过敏性皮肤病，是变态反应性皮肤病的一种，患儿初期表现为皮疹、肤红，后为肤糙、脱屑、肤若砂纸。

🏷️ 典型病症：

1. 婴儿湿疹自然病程：湿疹多发于两三个月大的婴儿，数月后病情渐轻，两岁前多可痊愈，但也有少数会持续数年。湿疹患儿对哮喘等过敏性疾病抵抗力较常人为弱。

2. 婴儿湿疹的皮疹：皮疹多分布在头面部，尤以额、眉、面颊为最，病情加重后会向全身扩散，如胸背部、四肢屈侧等。皮疹多呈对称分布，初为红斑后为疱疹，疱疹破脓流水后成痂。

3. 干燥型、渗出型、脂溢型是婴儿湿疹三大类型：

(1) 干燥型：皮肤红肿脱屑，有红色斑点，不流水，极痒。

(2) 脂溢型：红色丘疹上有黄色脓水外渗结痂、肤潮红、头面部多见，不太痒。

(3) 渗出型：皮肤肿胀有水泡，抓挠易出血，流黄色脓水，易蔓延全身，甚或继发皮肤感染，较胖婴儿多见此症。

## 致病成因：

过敏是引发婴儿湿疹的主因，另外与免疫和遗传异常也有关联，尤其是家族有过敏病史的宝宝更易患湿疹，并且湿疹病发的同时还会伴有荨麻疹等过敏性疾病。鱼虾等食物中的蛋白质、有化学添加剂的护肤清洁用品、棉毛化纤制品、动物皮毛、划粉等都是诱发甚或加重湿疹的诱因，另外过热或过冷的环境也会加重患儿的病情。

除了外因，婴儿毛细血管丰富且含水量大，皮肤薄，对外界刺激十分敏感，也是诱发湿疹的主因之一。潮湿不是湿疹的致病主因，但潮湿环境却会让湿疹症状明显且病情加重。

## 真实案例：

湿疹为婴幼儿常见病，见汗易痒，宝宝抓挠后又会加快湿疹的扩散，弄得满身都是疹子，平湖社区的小璐就是这样，她的妈妈心疼得不行，立即带着小璐来找爷爷。

小璐的病症是渗出型湿疹，爷爷告诉小璐妈一定要阻止小璐乱抓，以防继发感染，同时也要给小璐涂抹止痒润肤的药膏以减轻病情。

湿疹的病状不同治疗方法就不同，相应的也该对症下药，爷爷告诉小璐妈，要是宝宝只起了些小红疙瘩，用尤卓尔等副作用较小的激素类药膏涂抹至病愈再停用即可。

若患儿的患处已流脓糜烂则需精心看护。每日三次用3％的硼酸水冷敷半小时，再涂抹氧化锌软膏治疗。若不见效，则要立即咨询医师，确定宝宝是否患有痤疮等其他疾病。

要是宝宝患处已经流黄水、结厚痂、出现发热等继发感染症状则应马上送医，以防诱发败血症。

## ⚛ 治疗方法：

治疗湿疹必须对症下药，油膏不适用于明显红肿、患处渗水较多的患儿，此类患儿该以溶液冷敷。油膏适用于糜烂、水疱、红斑、丘疹等，而结痂、脱屑的患儿则应用软膏。

治疗湿疹的药物繁多，一定要在医师指导下用药，更换新药前一定要先在小块湿疹上试验药效，以防使用不当造成病情加重。

患儿病情不重，不能滥用药，只要局部涂抹药膏即可。

方法一：睡前服用止痒用抗组织胺类药物。

方法二：防止抓挠、摩擦、肥皂水洗等皮肤再刺激，尤其是脂溢性湿疹严禁使用肥皂水洗，适当涂抹植物油即可。

方法三：发热、皮肤红肿流脓、淋巴结肿大等是湿疹继发感染症状，此时父母必须在医师指导下为宝宝服用抗生素。

方法四：特殊的蛲虫类湿疹在治疗湿疹的同时必须去除蛲虫，两岁内的孩子不可服药，家长只需将宝宝的衣物、床单、玩具等在一个月内保持开水烫洗消毒，敦促宝宝注意个人卫生，勤洗手，不要吮吸手指即可。

## ✍ 中医辩证：

湿热伤身、虚实夹杂是中医认为的湿疹致病主因。

湿疹治疗应对症，但均以养血清热为主治方针。其中清热凉血的青黛主治湿毒发斑，燥湿多用雄黄，湿疹溃疡多用乌贼骨。

## 日常护理：

### 1. 保持皮肤清洁干爽

用温水和无刺激性沐浴乳给宝宝洗澡，洗完冲净，且必须把水擦干净，然后为宝宝涂上非油性润肤软膏。此外，要每天给宝宝清洗头发，若是宝宝有脂溢性湿疹，要在清洗前半小时给宝宝涂上橄榄油。

### 2. 避免受外界刺激

宝宝周围环境的湿热变化父母要时刻注意，不能让宝宝处于极热或极冷的环境下，宝宝出汗要及时擦干，环境冷燥时要涂抹防过敏润肤膏。此外棉毛制衣物等对皮肤有刺激的衣服不宜给宝宝穿戴。

### 3. 患有剧痒接触性皮炎的宝宝要经常修剪指甲，防抓挠。

### 4. 忌口

异位性皮炎的宝宝不宜多吃牛奶等动物蛋白质，但要保持营养充足，其余湿疹患儿无需如此。

**如何预防和调理新生儿 暑热症**

众所周知，6 个月到 3 周大小的宝宝，身体还处在发育初期，器官发育不全，发汗排汗及散热机能不完善，体温调节能力不强，热量容易积聚体内，在炎热的夏季，经常会出现高烧不退的症状，这种病症称为暑热症。

🏷 **典型病症：**

暑热症的发病群体多为一周到两周的宝宝，小于三个月或者大于三周岁的宝宝几乎没有，而发病时间则多为盛夏。

1. 体温：患儿体温与空气温度成正比，外面的天气温度越高，患儿的体温就越高，相反的，外界的温度越低，宝宝的体温就越低。一般患儿的发病表现为高烧 38℃ ~ 40℃持续不退。另外发热类型也不定，有稽留型、不规则热型、驰张型等多种类型，随着温度的下降，发热症状会不治而愈。

2. 多饮多尿：由于身体发育的原因，患儿虽然存在汗腺缺陷但肾脏却无病症，一天内频繁尿尿 20 多次的状况自然也就可以理解了，因为尿频、患儿体内的水分流失快，所以宝宝又特别容易口渴饮水，饮水量甚至高达 3L。

3. 少汗或无汗：出汗极少，仅发病时头部见汗。

4. 其他情况：发病初期除偶尔消化不良外没有什么病症，到医院体检没有什么呈现阳性的身体体征，少数患儿会有咽部轻微充血的症状。到出现高热时，宝宝会表现得不安嗜睡，但不会损伤神经系统，及至病情加重持续高烧不退时宝宝则会显露病容、烦躁厌食、瘦弱不安，不过通过仪器检测却仍显示身体情况正常。

5.病程：一般为一两个月，但有时也会延长到三四个月，随着天气的转凉会自然好转。

有既往病史的确诊容易，另外通常来说患儿持续发热且无其他不适症状的就可确诊为暑热症。

## 致病成因：

患儿体质虚弱、汗闭多尿、阴津受损、脾肾不足、热盛于上、阳虚于下是中医认为的暑热症发病主因。而夏季酷热，气温持续偏高，造成婴幼儿体内不发达的汗腺分泌缺乏，气虚下陷、气不化水下流至膀胱，暑气伤肺津，尿多亦伤阴津，以致汗毛孔堵塞、排汗不畅，湿热积郁，体温调节中枢失衡则是致病的外因。

## 真实案例：

在成都工作的齐女士，有一个才8个月大的女儿玲玲，玲玲平常是一个非常健康可爱的宝宝，可是不知道为什么，这段时间却一直高烧不退，喝水频繁还总是尿清尿，有时候一天之内排尿竟然多达24次。而且舌苔发白，总是无精打采，去医院打了好几次点滴也没什么作用，这让齐女士非常心焦。于是带着女儿玲玲来爷爷这里问诊。爷爷仔细给玲玲诊脉后告诉齐女士，玲玲是患了暑热症，玲玲本身体质就比较弱，脾胃不好，消化不良，体内的毒素不易外排，积聚在体内，才会出现持续发热的情况。爷爷说，暑热症的患儿一般都先天体弱，脏腑功能不全，用药需要特别谨慎，以防伤身，用药过量了会对脏腑造成无法弥补的伤害，但用药剂量不够，又不能彻底地治疗暑热病症，所以在用药前必须仔细了解婴儿身体状况。

据齐女士讲，自己肾脏虚弱，生玲玲时是剖腹产，玲玲出生时只有 2 斤半，需要待在氧气箱里才能保证存活，是个不到 8 个月的早产儿，肝功能较弱，三个月大的时候还患过小儿肺炎。爷爷为玲玲仔细诊脉后认为，玲玲脾胃虚弱、肺气不宣，就给齐女士开了一个健脾养胃、温补中气、适合玲玲的方子——山药蚕茧粥。

齐女士遵照医嘱，每天都用山药粉和蚕茧给玲玲熬粥喝，没过一周，玲玲的暑热症就治好了，脾胃也强健了不少，现在，齐女士依旧坚持给玲玲一周熬两次这种粥，希望玲玲能够因此有一个强健的脾胃。

## ❁ 治疗方法：

1.热水浴法：每日为宝宝做一到两次的热水洗浴，热水的温度要根据宝宝的承受能力来决定，洗浴时轻揉皮肤以扩张汗毛孔，达到排汗散热的效果，每次持续半小时左右为宜。

2.酒精浴法：将温水和75%的酒精以 1 ：1 的比例调匀，在大血管行走处如腋窝、股沟处反复擦拭。

3.冷盐水灌肠法：向患儿的肛门灌入 300~500 毫升的 0.9% 的冷盐水，10~30 分钟后宝宝有便意时让其排出即可。这种方法尤其适合给大便干结的患儿降温。

4.用一张鲜荷叶，10 克地骨皮和生地，50 克西瓜皮熬成药汤服下，可治暑热伤脾。

## 🩺 中医辩证:

婴幼儿素性体弱、脏腑娇虚，稚阴稚阳、受暑热熏蒸则伤脾胃，肺气难宣以致汗闭，由是体热积郁难泻，损伤阴津，从而导致患儿口舌干燥，高热不退，尿频且清，这是中医认为的暑热症发病主因。

## 🧴 日常护理:

1.患儿房间温度要维持在 26℃ ~ 28℃，多开窗，保持室内外空气流通，室内温度过低过高都不好，以凉爽洁净为宜。

2.多吃富含维生素 B 和维生素 C 的食物，但切忌饮食过于荤腥，要做到清淡而有营养。

3.宝宝衣物不要穿得太厚或太紧，注意通气性。

4.经常用温水给宝宝洗澡，注意做好防暑降温工作，并时刻注意宝宝体温变化，不要随意滥用抗生素。

5.有暑热症既往病史的宝宝，在酷热的夏季最好到较为清凉的地区避暑。

6.夏季要保持室内清爽通风，以薄荷、青蒿、鲜藿香等清热败火的药物煎汤代茶服用以防宝宝患上暑热症。

two

# 第 二 章

## 小儿呼吸系统疾病的成因及治理

老 中 医 爷 爷 的
朋　　友　　圈　2

## 01 如何调理·小·儿哮喘

小儿哮喘其实并不可怕，引起哮喘的病因也很多，呼吸道急性、慢性炎症都可能引起小儿哮喘。从病程上分有急性、亚急性、慢性哮喘。哮喘从另一角度来讲还是一项有益的运动，它能阻止异物吸入，预防支气管分泌物的沉积，有效控制呼吸道继发感染。

### 典型病症：

按病程来分，小于 2 周的称急性哮喘，大于 2 周小于 4 周的称亚急性哮喘。急性哮喘多发于上、下呼吸道感染或一些哮喘病的急性发作；亚急性哮喘除上、下呼吸道感染外，细菌性鼻窦炎常常也会引起哮喘。

### 致病成因：

以下几种常见病例最易引起哮喘：

1.普通感冒，最容易导致宝宝哮喘，有的还伴有流鼻涕、鼻塞、打喷嚏、流泪、低烧等症状。

2.呼吸道合胞病毒感染，在婴幼儿期的宝宝中最容易引起哮喘，症状跟感冒一样，但哮喘很猛烈，呼吸也很困难。在冬天至春天最冷的季节是高发期。

3.哮吼，小儿哮喘声稍大时产生的症状，有的伴有感冒症状、发烧。一般在夜间咳嗽较凶。小儿的这种哮吼声听起来让人揪心，但不必担心，在家都是可以治疗的，要认真观察宝宝的身体状况及变化。

4.过敏，如果宝宝对所处环境及所接触的东西有过敏症状时，就像感冒一样鼻塞或流鼻涕，此外，后鼻滴涕也有可能就是导致宝宝哮喘的根源。患有哮喘的小儿在晚上就会经常发作，一旦宝宝有哮喘，他会感觉胸闷、呼吸受阻、气喘，但也不排除家族过敏及哮喘史。

5.肺炎，患有肺炎的宝宝大多哮喘相当严重，肺炎基本由感冒所致，当宝宝得了重感冒，急剧哮喘，发烧，呼吸难受、打冷战、周身疼痛时，建议尽快去找爷爷，以免延误治疗。

6.鼻窦炎，如果宝宝并没有患上肺炎，而流鼻涕、哮喘症状已有10天以上没有好转，就得考虑宝宝是否患有鼻窦炎。由于鼻子里的黏液时常倒流入宝宝的喉咙后面，致使宝宝有哮喘反射，鼻窦腔细菌感染导致宝宝哮喘时间会很长。


▣ 真实案例：

强强2岁，在雨季时由于感冒，不间断地哮喘近一个月，且有痰阻不断。

强强妈妈描述：强强在8月时由于伤风感冒引发哮喘，两周后，感冒症状消失了，可宝宝就是咳嗽不止。爷爷起初开了些西药及止咳水，强强吃了却仍不见好转，而且痰阻感觉比以前多了，身体也变得虚弱，稍有不慎就发烧。爷爷再次给强强做检查时才发现，因为强强长期哮喘，咽喉已开始出现发红、发痒。爷爷说，像强强这种情形属于内伤哮喘，在伤风感冒时，寒邪入侵，肺气遇碍，肾气亏损，前期吃过的西药也伤及宝宝的脾胃、脏腑，时间一久更容易导致咳嗽。这时爷爷建议强强多吃山药粥，山药有健脾开胃的功效，有助于强强消食排毒以及营养的吸收，山药还具有滋养脏腑的作用，更加有利于强强这样的内伤哮喘患者。

按爷爷的建议，强强妈妈每天做山药粥当主食给强强吃，三天后，哮喘减轻，强强食量也增加了，妈妈又照爷爷的吩咐，给强强加了红枣、桂圆等一些滋阴补肾且利于消化的食品，一周之后，强强的哮喘居然停止了。

## ✱ 治疗方法：

### 1. 中医中药治疗

在小儿只有轻度的发热、流鼻涕、咽喉不舒服时，可服用至宝锭、保元丹等小药丸，一次一丸，一日三次。如果在一天后小儿更加严重，就得去医院治疗。

如小儿间断性干咳，使用抗生素没见好转，且咽喉发痒又不发热，怕冷怕烟雾，夜间症状更加严重时，就得考虑过敏性哮喘。

小儿鼻塞流涕，轻度咳嗽，伴有低烧时，可服用妙灵丹，一日两次，一次一丸。当病情加重，如小儿身体发热，咽红、声音沙哑时，可增加小儿清咽冲剂和小儿感冒冲剂。

小儿突然发热，可使用小儿清热冲剂，如热度偏高，有高热惊厥前例的宝宝，可先用紫雪散。如大便结燥可选择使用牛黄清热散。

个别患有感冒又不发烧的哮喘宝宝，可服用儿童咳液、儿童清肺口服液等之类的止咳糖浆，对控制哮喘的升级有很大的帮助。

### 2. 西医治疗

一定要找准哮喘病因后正确使用药物。呼吸道病毒感染可以服用抗病毒药品；呼吸道细菌感染则选择使用抗生素；持续 2 个月以上的慢性哮喘多为过敏性哮喘，就得以消除呼吸道过敏炎症为主；合并过敏性鼻炎，可能导致过敏性鼻支气管炎，脱敏治疗则为主要疗法。

## 中医辩证:

中医里,小儿哮喘属于"疫咳"范围,分内伤哮喘、风寒哮喘、风热哮喘三大类。如果哮喘的痰白黏、较稀,舌苔发白伴有鼻塞流涕,说明宝宝体内寒气较重,属于风寒哮喘,需要给宝宝吃温热、化痰止咳的食物;如哮喘的痰黄且稠,难以咳出,咽痛,舌苔又黄又红,表明孩子体内燥热,属风热哮喘,建议吃一些化痰止咳、清肺的食品。内伤哮喘要复杂一点,是由于感冒发烧导致的哮喘,感冒发烧症状消除了,哮喘却一直存在,这时宝宝厌食,胃口较差,舌苔全白。这种情形属于内伤哮喘,由于伤风感冒发热时伤及脏腑等,要多给孩子吃一些生津滋阴,健脾开胃,养肝护肺的滋阴食物。

## 日常护理:

### 一、预防哮喘的护理方法

1.食疗法,食物合理搭配,适当食用萝卜及梨对哮喘有一定的预防功效。

2.少与哮喘病人接触,尽量少带宝宝到公共场地玩,以免感染。

3.预防感冒,这点至关重要。建议宝宝要注意体质的锻炼,提高抵抗能力。

4.注意平时的生活调理,睡眠要充足,居室空气流通清新。

### 二、小儿哮喘护理措施

1.家长应多加强宝宝的饮食营养,让宝宝走出户外参加一些活动,增强宝宝身体的抵抗力,随着天气变化适当增减衣物,避免过热过冷。

2.在呼吸道疾病流行的季节,最好不带宝宝去公共场所,并按时接种疫苗。需要保暖的宝宝可酌情减少户外运动,多休息。室内保持一定的温湿度,空气要洁净对流,但要避免对流风。

3.鼓励宝宝多喝水，尤其在起床后，平时不渴也要喝。保持口腔卫生，培养餐后、睡前洗漱的习惯，这样有利于病毒的排泄。婴幼儿也要适当喂一些开水。

4.多注意观察宝宝咳嗽时痰液的情况，鼓励宝宝将痰液咳出，发现痰液黏稠就要提高室内的湿度，最好维持在60%左右以稀释宝宝咳嗽的分泌物，还可采用超声雾化及蒸汽吸疗法。如果宝宝无法咳出，就要轻轻拍他的背部，变换他的体位，促进分泌物的排出。分泌物过多则要使用吸引器，及时清除痰液，保持呼吸道畅通。

5.如遇宝宝发热时，要使用药物降温，或物理降温法，避免宝宝发生惊厥。

## 02 小·儿高热该采取什么样的护理方法

小儿正常体温：腋温 36 ～ 37℃，肛温 36.5 ～ 37.5℃。平时里观测宝宝体温时值得注意的是，腋温比口温（舌下）低 0.2 ～ 0.5℃，肛温比腋温约高 0.5℃左右。

当腋温超过 37.4℃，一天内体温变化在 1℃以上，可断定为发热。腋温在 37.5℃ ～ 38℃称低热；38.1 ～ 39℃称中热；高热 39.1 ～ 40℃；41℃以上则称为超高热。长期发热是指发热时间在两周以上。

### 典型病症：

参照上面小儿正常体温范围，再对照宝宝的身体状况，引起高热的原因有以下几种：

1. 从表皮来看：皮肤发现疱疹或出现皮疹，可以考虑常见的水痘或出疹性传染病，如风疹、麻疹之类的；如皮肤有瘀斑，可能患有血液系统疾病，如流行性脑脊髓膜炎；浅表淋巴结肿大，并注意是否患有皮肤黏膜淋巴结综合征、传染性单核细胞增多症。必要时考虑恶性淋巴瘤及白血病。

2. 咽部红肿、扁桃体肿大，表明有上呼吸道感染、急性扁桃腺炎；口腔黏膜如有斑点，可疑为麻疹；

3.通过肺部听诊确认有水泡音或痰鸣音，疑是急性支气管炎或支气管肺炎。如听有哮鸣音，则应考虑支气管哮喘或喘息性支气管炎。

4.当宝宝腹部出现明显压痛感，应考虑是否患有肠梗阻、急性阑尾炎，并注意急腹症。

致病成因：

容易引起急性高热的情况有：接种疫苗、输血、输液的变态反应，过敏及异体血清反应等；急性传染性疾病及急性传染病早期；新生儿脱水、个别颅内损伤、中暑、癫痫、惊厥发作。

容易导致长期高热的病症有：结核、风湿热、幼年类风湿、败血症等；白血病、恶性淋巴瘤、恶性肿瘤、恶性组织细胞增生症等。

真实案例：

贝贝9个月大，无精打采的，额头发烫，应是发烧了吧。贝贝妈妈将贝贝送到医院，测体温39℃，属于呼吸道感染，爷爷为贝贝采用了药物降温，要求贝贝回家后多饮白开水，让妈妈注意多观察。可贝贝妈妈还是担心高烧会不会复发，爷爷解释说小儿免疫力和抵抗力都低弱，发热属正常，回家遵照医嘱注意宝宝的身体变化及时采取措施即可。

治疗方法：

宝宝发热，家长不必惊慌，可依据发热的程度及宝宝的实际情形冷静处理。只有当超过39℃，或没有超过39℃但有抽风征兆时，才必须采取措施。

第一，降温是关键，针对不同大小的宝宝采用不同药量，0 ~ 23 个月可服用幼儿百服咛滴济；2~12 岁的宝宝可服用儿童百服咛溶液，参照说明书使用。

第二，使用药物的同时可配合物理降温，将发热宝宝带至空调房内，用温湿毛巾敷宝宝的额部、腋下、腹股沟等部位。情节严重的话，就要尽快送医院。

第三，宝宝在发热期间，应注意休息及营养。刚刚降下体温的宝宝不能立马起床活动。退烧后得给宝宝补充营养及水分，饮食要以清淡为主，做到少食多餐。

### 🧑 中医辩证：

中医里将小儿发热分为三类：

外感发热，症状：发热、微汗、流浊涕、哮喘、痰黄稠、咽喉疼痛、头痛等。

肺胃实热，一般发热较高，出现面红耳赤现象，嘴唇也会较红，气喘急剧、厌食、便结、小便赤短，脉络实，指纹呈现深紫色。

阴虚内热，这种情形一般出现于午后潮热或低热，没有食欲，口干唇燥，莫名出汗，舌红苔剥，脉络细数，指纹呈淡紫色。

### 🗒 日常护理：

饮食上，要注意宝宝的营养均衡，多食用一些易消化的食品，并注意多饮白开水，不要因饮食不当造成宝宝胃肠负荷。可以适当补充一些高蛋白食品，不要太油腻即可，并配合吃一些清淡的水果、绿色叶菜等。此外，居室要保持通风状态，衣服要穿得宽松凉快，不宜使用被子给宝宝发汗。

**03** 小儿上呼吸道感染
不容忽视

　　小儿反复感冒是小儿上呼吸道反复感染的具体表现。多发生在孩子及身体虚弱的人身上，以上所指的均为普通感冒，也叫伤风感冒，扩大了说是上呼吸道感染。其实，90%以上的感冒都是由病毒引发的，比如：鼻病毒、腺病毒、呼吸道合胞病毒、冠状病毒等。虽然每次感冒在感觉上都类似，但其感染却是由不同病毒引发的，也就更易引起反复感冒。

## 典型病症：

　　轻症如流清鼻涕、鼻塞等鼻部症状，或伴有流泪、咽部不适的，在几天内即可痊愈；若感染至鼻咽部，会伴有发热、咽痛、扁桃体炎及咽后壁淋巴组织充血和淋巴结轻度肿大等症状。重症体温达到39℃~40℃及以上，会伴有发冷、头痛、全身乏力、食欲不振、失眠等，也容易因分泌物引发哮喘。当咽部微红，出现疱疹和溃疡的症状时即为疱疹性咽炎；有时红肿严重会波及扁桃体，易出现滤泡性脓性渗出物、咽痛等。如果炎症涉及鼻窦、中耳或气管，则会发生相应症状。同时这些症状要注意与高热惊厥和急性腹痛相区分，由急性上呼吸道感染所引发的高热惊厥多发生于婴幼儿，很少反复发生，一般多见于病后一天内；急性腹痛，多出现在脐部周围，常伴有剧烈疼痛，不会持续较长时间，多与肠蠕动有关。

🔍 **致病成因：**

1.居住环境周围空气污浊，被污染的空气进入呼吸道会破坏肺部的换气功能。

2.维生素及微量元素摄入太少，饮食不规律，缺乏钙、铁、锌、维生素等，将会导致小儿营养不良，身体抵抗力下降。

3.先天性疾病，比如先天肺发育不良等。

4.免疫缺陷病，这类孩子先天性缺乏一些抗体或合成酶。

5.滥用抗生素，不断更换不同类型的抗生素，使人体产生抗药性，打乱人体平衡。

6.疗程不够就擅自停药，使细菌长期处于隐伏状态。

7.滥用激素，患儿产生依赖性，使自身免疫功能也因此受损。

8.不良习惯，一些孩子习惯睡前吃东西，不刷牙、不漱口，有时还抱着奶瓶入睡，极易引发感冒，因为牛奶中的大量蛋白质是细菌最好的培养基。

➕ **真实案例：**

王太太的女儿每2~3个月就患有一次感冒，常伴随发烧、咽部红肿、淋巴结肿大、流鼻涕、严重时还哮喘。从一岁起每逢冬春就哮喘流涕，每每要持续一个多月，每次发作后服用西药效果都不太显著，近三年来病情还有所加重。为此，王太太平时非常注意孩子的保暖与饮食，并注重加强体育锻炼，但这几年，孩子还是会反复发病，于是找专家就诊，专家检查后发现该情况主要是由于滥用激素使免疫力下降而导致。这种情况单纯用西医治疗效果不显著，后期还会发展成哮喘，而西医医治的方法只有激素，久而久之恶性循环。因此，专家提出，为从根本上治愈，应按中医求本原则，急则治标，缓则治本，使用抗生素也应尽量简单，同时配合中药加强营养。王太太按照专家的建议给女儿吃中药，女儿的病不久果然治愈了。

 治疗方法：

上呼吸道感染常见症状是流涕发热、哮喘、急性腹泻，起病快，体温反复。药物降温，主要用消炎药预防病毒感染；物理降温，注意让患儿多喝水，用温水擦拭身体。若患儿出现持续高热40℃，需立即入院治疗，防止造成其他器官功能损伤；若孩子持续高温的病症，会导致孩子出现身体抽搐，大脑缺氧。

3岁以下孩子更易出现上述病症，发生后应该立即就医。若条件不允许，家长可以先用以下方法进行急救：先用毛巾包裹筷子，压住孩子的舌头，使其头部侧向一边，防止孩子抽搐时咬伤舌头，但若不包裹毛巾易导致其弄伤口腔及牙齿。抽搐时如果仰头，舌头会堵住气管造成窒息，因此要将头侧向一边。

中医辩证：

小儿反复呼吸道感染多是由于阳气不盛，导致病毒徘徊不离去，稍稍好转又再次发作。

1.抵抗力不足，体质虚弱。若父母身体虚弱，或者小儿早产，产时胎气虚弱，就不易抵抗阴气的侵袭，此类患儿，家中父母及同胞大多有反复呼吸道感染的病史。

2.喂养不当，调护不周。由于人工喂养、过早断乳，或患儿偏食、挑食，导致营养不良，脾胃气虚，更易遭受病毒等的侵袭。

3.外出少，不抵风寒。外出较少，日照时间不长，对寒冷的适应力差，一旦遇到寒风，随即感冒，也更易被传染。

4.用药不当，损伤身体。感冒后过量服药，滥用药物，没有对症下药，损害患儿身体，使之抵抗力下降。

5. 病毒潜伏体内，遇到合适的环境就引发。病毒侵袭之后，除病不除根，潜伏体内，一旦受凉，旧病复发。

总之，小儿脾脏娇弱，体内阴阳二气不匀，对外抵抗力较差，冷暖不能自知，稍有不妥，凉气侵体，都能导致小儿反复呼吸道感染。

## 日常护理：

1. 避免带领幼儿去人多、空气污浊的公共场所。

2. 家里大人若已患感冒，应尽量避免与孩子亲密接触。

3. 注意天气冷暖，及时为孩子增减衣物。

4. 因季节变换，可以为孩子接种流感疫苗，防患于未然。

同时要在饮食上加强防护：

1. 少吃冷食，尤其哮喘时吃冷饮，易加重哮喘，过多进食寒凉事物，更易伤及脾肺。

2. 少吃油炸食品，油腻食品更易加重肠胃负担，产生大量内热，使哮喘不易痊愈。

3. 少吃海产品，腥味会刺激呼吸道，更易生痰。此外，若对鱼虾的蛋白质过敏就更会加重哮喘。

4. 忌吃橘子，虽然橘皮有止咳化痰的作用，但橘肉却会生痰。

注意休息与营养：

休息和营养会更快使疾病恢复，"三分治七分养"还是有一定道理的。一定要多喝水，促使毒素排出，饮食以流食为主，少吃多餐，多食瓜果蔬菜，更利于病情的恢复。

## 04 小儿咽炎是怎样的疾病

小儿急性咽炎是急性炎症，常继发于急性扁桃体炎或急性鼻炎之后，是上呼吸道感染的一部分。亦常为急性传染病发生的征兆或全身疾病的局部表现。当小儿因受凉等抵抗力下降后，病原微生物便入侵引发急性咽炎。引起慢性咽炎的发生也可能是经常接触粉尘、高温、有害气体、营养不良等。

### 典型病症：

1. 声音嘶哑，严重时，可能会影响正常发声。
2. 喉部肿痛，在说话时特别严重。
3. 喉部的分泌物增多，出现哮喘痰多的现象

### 致病成因：

1. 生活习惯因素。现在很多孩子的生活习惯都不是很好，如：玩耍后不洗手、经常挖鼻屎等。专家说这些都是不良生活习惯，家长要制止并教导孩子养成良好的生活习惯。

2. 环境因素。现在空气污染严重，对孩子不利，因此在家或学校要保持空气流通，专家建议，在大雾等天气时，让孩子戴上口罩再出门。

3.其他致病因素。孩子患有鼻严、中耳炎等相邻器官疾病，家长又不重视，就有可能导致小儿咽喉炎。

📠 真实案例：

瓜瓜今年5岁，前几天傍晚发高烧40℃，还流口水，哭着对妈妈说，喉咙痛，不想吃饭。睡觉时，妈妈不让开空调，怕孩子着凉，但瓜瓜一晚上都说喉咙痛，第二天，体温更高了。妈妈很害怕，直接带孩子奔爷爷处。爷爷仔细看了瓜瓜的嘴巴，看见咽下充血，有些地方有小疱疹，便说瓜瓜患了"小儿咽炎"。

爷爷说，小儿患慢性咽炎的几率很低，如果确诊是的话，就要很注意，少让孩子大声说话、叫喊和哭，这样治愈的机会很大。因此，爷爷建议让瓜瓜采取雾化吸入治疗，用西瓜霜喷雾局部治疗，减轻炎症。吩咐妈妈给瓜瓜多吃富含胶原、弹性蛋白或富含B族维生素的食物，如猪蹄、豆类、海产品、新鲜水果、绿色蔬菜等一些对损伤部位的修复有利的食物，并消除呼吸道黏膜的炎症。

妈妈依照爷爷的办法，采用消炎喷雾，加上日常食疗，给瓜瓜进行调理，几天后，瓜瓜的咽炎好了很多。

❋ 治疗方法：

1.对症治疗，多喝水。

2.给发热者服用抗生素、磺胺类药和抗毒病药。

3.局部可用1：5000复方硼砂液或呋喃西林液漱口，或抗生素加激素雾化吸入，或洗必太、薄荷片、杜来芬、含碘片含化。

4.中医中药治疗：针对发热轻、恶寒重、无汗，脉浮者，可内服麻黄汤。而恶寒轻、发热重者则可内服银翘散或解毒消炎丸、牛黄解毒丸、六神丸等。局部可用锡类或冰硼散吹入咽中，可使炎症快速消退，止痛效果特别好。

## 中医辩证：

中医认为，小儿的脏腑形气未充，对抗病能力较差，外邪很容易由表而侵入，咽是肺的门户，受到伤害的首先就是咽。使用中医清热、解表、利咽的法子调治小儿疱疹性咽炎，不但疗效可靠，而且安全方便。爷爷说，慢性咽炎主因是脏腑阴虚、火旺、虚火上扰，导致咽喉失养，应当滋阴降火。根据中医医治原则，肺阴虚的人，应当选用玄参甘桔冲剂、养阴清肺膏、铁笛丸，以便清肺、养阴、利咽。肾阴虚的人，应当选用知柏地黄丸、百合固金丸、六味地黄丸，以便清利咽喉，滋阴降火。肺气阴两亏的人，应当采用金果饮。常用麦冬、菊花、胖大海、甘草、金银花、枸杞子等中药泡水代茶饮用，如果适当加点蜂蜜，效果会更好。

## 日常护理：

1.要培养小儿有良好的生活习惯，正常作息，早睡早起，尽量避免着凉。在睡眠时，要注意避免吹对流风。

2.让孩子适当多吃能对咽喉起到保养作用的水果、干果，如生萝卜、梨、话梅等。

3.要加强孩子的户外活动，多晒晒太阳，增强体质，提高免疫力和抗病能力。

4.务必注意保持口腔卫生，每天在早晨起床后、饭后和睡觉前都要刷牙漱口。

5.关注天气变化情况，及时为孩子增减衣服，避免寒气入侵和因热气而引起身体不适。

6.在流感期间，为预防传染，应避免带孩子到公共场所。

## 05 小·儿支气管炎的调理方法

小儿支气管炎病名为"毛细支气管炎"，是小儿常见的一种急性上呼吸道感染。肺部的细小支气管，即毛细支气管是小儿毛细支气管炎的病变的主因，一般是由普通感冒、流感等病毒性感染引起的并发症，细菌感染也可能引发此病。

### ✿ 典型病症：

1. 年龄多见于未足岁的小儿，特别是 6 个月以下的婴儿。

2. 四季均易发病，但冬春季发病率较高。

3. 起病很急，前期症状可能有喷嚏、哮喘，1 ~ 2 天后哮喘加剧，出现面色苍白、口唇发绀、呼吸困难、喘憋等症状，早期肺部体征主要有喘鸣音，接着是湿音。症状严重时，可能出现呼吸衰竭、充血性心力衰竭、水和电解质紊乱及缺氧性脑病。一般体温低于 38.5℃，发病时间持续 1 ~ 2 周。

4. 血白细胞轻度增加，出现低氧血症，胸部 X 线片异常。

### ✑ 致病成因：

呼吸道合胞病毒是毛细支气管炎的主要病原，其次为流感病毒、鼻病毒、副流感病毒等；感染病毒后，细小的毛细支气管黏液分泌增多，并充血、水肿，加上管腔堵塞，出现明显的肺气肿和肺不张。

小儿急性支气管炎发病有急有缓。许多患者是先有上呼吸道感染症状，或偶有频繁的干咳，渐有支气管分泌物。婴幼儿的痰多经咽部吞下。症状轻者没有明显病容，重者发烧至40℃，多2～3日即退。感觉浑身无力，吃睡不好，甚至有腹泻、腹痛呕吐等症状出现。年长儿可能会头痛及胸痛。哮喘通常持续7～10天，有时迁延2～3周。如不及时进行适当治疗，可引发肺炎，白细胞升降者可能有继发细菌感染。

身体健壮的小儿很少有并发症，但在免疫力低下、营养不良、身体机能残缺、患其他疾病等小儿中，不仅易患支气管炎，还易并发中耳炎、肺炎等。

## 真实案例：

近来，小张的宝宝有点感冒、低烧，小张就拿家里吃剩的感冒药给宝宝吃，吃了几天也没见好，还哮喘了，小张见此立马就拿百咳静给宝宝喝，还是没有用，反而更严重了，小张和老公都担心极了。

小张很快把宝宝带到爷爷那里，爷爷先是给宝宝量了体温，一看39.2℃，然后爷爷又给宝宝看了一下嗓子，听了心跳，最后说宝宝患了"小儿急性支气管炎"，要马上治疗。主要以在家用药治疗和护理为主。爷爷先给宝宝喂服小儿百服咛，接着用中医推拿疗法，理顺宝宝的气息。最后，爷爷叮嘱小张和她丈夫，如果宝宝哮喘有痰时，要马上止咳化痰，可用超声雾化吸入化痰，或拍背排痰、人工吸痰。如果患儿因哮喘频繁睡不好，可适当服用镇咳药。患儿体温过高时，要马上退热。

小张按照爷爷的叮嘱，从止咳、化痰、退热等方面着重治疗，再给宝宝吃清淡的食物，宝宝的支气管炎一周左右就全好了。

⚛ 治疗方法：

### 1. 一般治疗

关于休息、用药、饮食室内温度、湿度的调整等，详见"上呼吸道感染"。当急性支气管炎导致呼吸困难时，轻者可参考以下中医疗法"实热喘"，重者可参考支气管哮喘、毛细支气管炎的治疗处理。

### 2. 中医疗法

主要治法是以清热宣肺、疏风散寒、降热平喘为主，可结合临床治疗。

(1) 风寒哮喘常用杏苏散加减。处方举例：前胡 9g，生姜 3 片，苏叶 3g，半复 6g，杏仁 6g，牛蒡子 6g。

(2) 风热哮喘常用桑菊饮加减。

### 3. 其他治疗

服用适量的吐根糖浆能咳出痰液，用法：每日 4 ~ 6 次，婴幼儿每次 2 ~ 15 滴，年长儿每次 1 ~ 2mL。 10% 的氯化铵溶液也起一样的作用，每次 0.1 ~ 0.2mL/kg 的剂量即可。细菌感染时，可用适当的抗菌药物。

👁 中医辩证：

据《童婴百问·哮喘》："然肺主气，应于皮毛，肺为五脏华盖，小儿感于风寒，客于皮肤，入伤肺经，微者哮喘，重者喘急。肺伤于寒，则咳多痰涎，喉中鸣急；肺伤于暖，则咳声不通壅滞，伤于寒者，必泄壅滞"，所以，采取中医治疗此病患儿会有很好的效果，外感哮喘是中医对此病的称法，因为致病因素不同，临床分为实热喘、风热哮喘和风寒哮喘。中医主要治法是清热宣肺、疏风散寒、降热平喘。

## 🔋 日常护理：

很多患儿病情都较轻，家用药治疗和护理即可

1.保暖：温度变化会使支气管炎病情加重，所以，家长要根据温度及时给患儿增减衣物，睡眠时要给患儿盖好被子，避免着凉。

2.水分补给要充足，营养要充分，满足机体需要。可用糖盐水或糖水补充水分，用米汤、蛋汤、果汁补给营养。

3.翻身拍背：患儿哮喘、咳痰时，可用雾化吸入剂祛痰，每日2~3次，每次5~20分钟。如果是婴幼儿，要帮忙翻身拍背，每次1~2个小时，以便痰液排出。

4.退热：患儿多为中低热，如果体温低于38.5℃，一般不用理会，主要针对病因治疗即可。如果体温高，必要时幼儿要采取药物降温，而较大儿童可以物理降温（用温水擦拭或用冷毛巾头部湿敷）。

5.保持良好的家庭环境：患儿起居要向阳，室温、湿度要适中。尽量不要在家里吸烟。

## 06 小儿肺炎该如何护理

小儿肺炎是临床常见疾病之一，四季中以冬春季病发率高。如不彻底治疗，易反复发作，会对孩子的发育产生影响。小儿肺炎临床表现为发热、呼吸困难、哮喘等，也有咳喘重者是不发热的。其病因主要是小儿喜欢吃过甜、过腻、油炸等食物，导致食物积滞而生内热、痰盛，一遇风寒，肺气便排不出，最后就发生肺炎。

### 典型病症：

一、轻型支气管肺炎

1. 高热。

2. 哮喘：开始是干咳，接着咽喉部有痰鸣音，伴有呕吐、呛奶。

3. 呼吸急促，鼻扇，部分患儿口周、指甲轻度发绀。

除此之外，患儿可伴有精神不济，食欲不振，腹泻等症状。

二、重型肺炎：轻症肺炎加重，高热持续、全身症状加剧，可造成其他脏器功能受损。

1. 呼吸系统症状：呼吸急促、每分钟频率高达 80 次以上，面部及四肢末端显紫绀，严重者面色苍白或青灰。

2. 循环系统症状：婴儿肺炎时伴有心功能不全。

3. 神经系统症状 (1) 嗜睡、烦躁、眼球上窜等。(2) 昏睡、昏迷、惊厥。(3) 瞳孔改变，眼神迟钝。(4) 呼吸节律混乱。(5) 前囟门膨胀，有脑膜刺激征，脑脊液除压力增高外，其他均正常称为中毒性脑病，严重者颅压更高，可出现脑疝。

4. 消化系统症状：患儿没胃口、腹泻、腹胀、呕吐。

5. 可出现呼吸性酸中毒、代谢性酸中毒等、甚至混合性酸中毒。


🔍 致病成因：

1. 病原体：支原体、病毒，细菌、霉菌等，最常见的是病毒性肺炎。

2. 诱发因素：贫血、营养不良、先天性心脏病、身体机能残缺等免疫力、机体抵抗力低下的情况下易发病。

3. 环境因素：如天气变化，居室空气不流通等。


⊞ 真实案例：

　　小明，两岁，父母是城里的打工者，家境不怎么好，如果小明身体出现问题，妈妈基本都是按照经验和偏方去治理。这段时间小明一直哮喘，晚上还发热，妈妈就按照经验，煮了凉汤给小明止咳。但小明喝了数天也不见好，高烧不退，还不时咳得都喘不上气，爸爸担心极了，半夜里给爷爷打电话。

　　爷爷马上过去，一看就说小明得了肺炎，用冬瓜水和感冒茶是没用的。爷爷说，小儿肺炎刚开始时会像感冒那样哮喘、发热，但肺炎的哮喘比起感冒的要更难受，会伤及肺腑，要立刻治疗。小明爸妈一听，都很着急。爷爷没有多说什么，就问妈妈家里有没有党参、薏米之类的食物。妈妈说都有，爷爷便马上给小明熬了薏米党参粥。并说，这个粥能祛湿消炎、和胃、正气，叮嘱妈妈以后多熬给小明喝。

　　小明喝了薏米党参粥后，气息顺畅了不少，爸爸妈妈十分高兴，认为以后就用这个方子就可以了。但爷爷说，光喝这个粥还不行，让妈妈明天去买点龙骨和白萝卜，给小明熬个萝卜龙骨汤。爷爷说，白萝卜能清热解毒、止咳润肺，很合适小明这样的患者食用。

妈妈根据爷爷的药方给小明调理了 4 天后就好了，后来爷爷还叮嘱妈妈要给小明好好调理，务必保证小明的睡眠充足和饮食均衡。

## 治疗方法：

用消炎药物，杀灭病原菌。及时适当地治疗，重症肺炎者，应及时到医院治疗。

**一般护理及支持疗法**

1. 保持室内湿度 55%～65%，温度 20℃左右。防止交叉感染。

2. 尽可能母乳喂养，注意营养和水分的补给，给幼儿或儿童清淡、易消化、富含多种维生素的食物，对于恢复期的患儿应给高热量、营养丰富的食物。对不能进食的患儿，给静脉输液补充水分和热量。

3. 保持呼吸道通畅，增加肺泡通气量，改善通气功能。患儿痰多稀薄的话，可以反复翻身拍背或口服祛痰药物氯化铵合剂，以便让痰液排出。严重者，可人工吸痰或用超声雾化让痰顺利排出。

## 中医辩证：

中医认为，小儿肺炎是可以预防的，通过饮食均衡、对症配食，能增强小儿抵抗力。偏方一中，薏米有润肺止咳、清热祛湿的作用，粳米更加能温补滋养小儿的肺胃，而党参有补益脾肺的功效，是对付五腑虚的重要药材；所以，将三种食材同用，能够止哮喘、益肺阴、补虚、补脾。偏方二中，主要成分是白萝卜，其性微寒，怯气，能清热解毒，顺气止咳。

同时，爷爷认为，肺炎患者，可多吃富含维生素C的食物，如番茄、黄瓜等，也可多吃润肺止咳功效的食物，如银耳、白萝卜等，要避免吃有碍哮喘治愈的食物，如猪肉、橘子等。另外，家长要保证宝宝睡眠时间，如果小孩在睡眠时出现气喘，家长可适当垫高宝宝的背部，以便呼吸顺畅。治疗期间，要及时清理宝宝鼻腔分泌物，加速痰液外排。

### 日常护理：

家长要细心护理患肺炎的孩子，关注孩子的体温和呼吸状况，要保持室内空气流通。在饮食上，给孩子提供富含维生素、高热量、易消化、柔软的食物，以利于吸收。哮喘时要从下往上拍孩子的背部让痰液顺利。适当给孩子饮水，也利于痰排出。

肺炎痊愈后，也不能完全放心，尤其要注意预防上呼吸道感染，不然很容易反复感染。要加强锻炼，经常进行户外活动，提高对外界空气适应能力。流感盛行时，避免带孩子外出。家里有人患感冒时，避免与孩子接触。

对肺炎的预防，主要是锻炼身体，增强抗病能力，关注气候变化，防止伤风感冒，饮食均衡，培养小儿良好的卫生习惯，让婴幼儿多接触阳光。预防本病的关键是不断地提高孩子抵抗力及抗病能力。

three

第 三 章

小儿消化系统疾病
的成因及治理

老 中 医 爷 爷 的
朋 友 圈 2

## 01 小儿口疮反复怎么办

小儿口疮是由口腔不卫生引起的口腔黏膜或舌尖病变，口疮会影响小儿的喝奶进食。这是一种口舌浅表溃烂的病症，各种年龄的小儿都有可能患病，其中婴幼儿患病概率较大。小儿口疮多发于春秋两季，在保持口腔卫生的基础上多吃水果蔬菜或摄入适量的维生素E、维生素B1和维生素B2，以减少发病概率。

### 典型病症：

1.虚火上炎型：口腔溃烂、唇舌、齿龈或软腭等处有少量黄白色斑点，口干舌燥，有少量舌苔，反复发作。治疗此种病症应采用滋阴降火法。

2.心火上炎型：舌头溃疡，色泽鲜红、有剧烈疼痛感、难以进食，舌头薄黄、脉细数，小便赤短。治疗此种病症应采用清心去热法。

3.风热乘脾型：口腔有黄白色斑点，口干舌燥，小便赤短，大便干硬，舌苔黄，脉细数。治疗此种病症应采用解毒通便祛火法。

### 致病成因：

从现代医学角度看，人体口腔内生存着大量的致病菌和有益菌，当人体处于健康状态时，两者保持相对平衡，但当人体抵抗力下降时，致病菌就将影响口腔健康。给小儿喂食过硬的食物或在擦拭小儿口唇时用力过猛都可能损伤小儿口腔黏膜从而引起口腔炎症，小儿受细菌或病毒感染后，不卫生的口腔将引发小儿口疮，这类口腔问题多发于营养不良、抵抗力低下的小儿身上。

🔲 真实案例：

　　这些天陈先生紧皱的眉头没有一刻是舒展的，自从老师打电话来说孩子在课堂上不断抠着嘴巴哭之后，陈先生的一颗心就提到了嗓子眼。求助于爷爷后，爷爷说小孩子只是得了口疮，舌头和口腔出现溃疡，这种刺痛感让小孩不愿吃东西，这种症状应该是心火上升型的口疮，让陈先生做点降火清热的荷叶冬瓜汤帮助孩子调理内息，排毒消热。

　　不放心的陈先生偷偷带着孩子看了门诊，在得到同样的答案后便急匆匆地买了荷叶和冬瓜，回家让陈太太煎熬。两三天后，孩子逐渐恢复了胃口，荷叶冬瓜汤也成了这段日子他最喜爱的菜，一周之后，孩子就恢复了过去的活泼童真，口疮彻底地消除了。

⚛ 治疗方法：

　　小儿口疮不同于大人口疮，由于患者年龄较小，小儿口疮的治疗更加细致。小儿口疮的特征是齿龈、两颊、上下颚和舌头处出现溃疡斑点，局部发热，难以进食。如果溃疡面积较大，那便是爷爷说的口糜，如果溃疡发生地多在口唇两侧，则叫作燕口疮。这类疾病多发生在体质柔弱的小儿身上，并可作为其他疾病的伴发症出现在患者口腔。

　　治疗小儿口疮的前提是辨明病症的虚实和明确患者病发的脏腑。如果发病时间短，口腔溃疡并有较为剧烈的疼痛感甚至灼烧感，这便是实症；如果发病周期长，口腔溃烂并有较为轻微的疼痛感，这便是虚症。如果患者口腔中舌头溃疡最为严重，说明上火的是心脏；如果患者上下腭、齿龈有大量溃疡，说明上火的是脾胃。

对于不同类型的口疮疾病要采用不同的治疗方法，对于实症要以清热解毒为主，对于虚症要以滋阴降火为主。

对于虚火上炎型：建议多食用冰糖银耳羹，将 10 克左右银耳洗净加冷开水浸泡一小时，事后挑出杂物，并向碗里加适当冰糖和冷开水，放入锅内蒸熟，每日一次，每次一碗，它可以起到滋阴润肺，养胃生津的作用。

对于心火上炎型：建议多食用荷叶冬瓜汤，将 500 克冬瓜和一片新鲜荷叶加食盐水煮，它可以有效地降火生津，同时能帮助消除心火，通畅小便。

对于风热乘脾型：建议多食用糖渍西瓜肉，将西瓜肉切条暴晒，加入白糖搅拌，再次暴晒至干，它可以泻出邪火，养胃生津，病症严重者可以加大用量。

## 中医辩证：

引发小儿口疮的原因具体可分为三类：虚火上浮、心火上升和风热乘脾。对于上述病症皆有效的是竹叶灯芯草这类温和食材，它们对三种病症都有平和调节作用。小儿口疮的病情也是因人而异的，小至影响小儿食欲，大至引发全身其他部位的不适，因此对于小儿口疮，家长们应该早做准备，及时治疗。

## 日常护理：

1. 注意口腔卫生，常用温水刷牙漱口。
2. 为患者喂食时不要用过硬的有刺激性的食物，应当喂流汁。
3. 时常按摩口腔，同时配合治疗溃疡的中药，双管齐下。

家长应严格遵守医嘱，按时给重症小儿吃药打针，适时给高热小儿擦拭身体，以及喂食、去热、服用止痛药。

##  02 ·小·儿患上口角炎的成因

口角炎易发于冬春两季，病症是嘴角起小泡，严重者会出现糜烂、渗血、结痂。在民间，人们通常将口角炎称为烂嘴角，干燥的秋冬季节，很多人特别是小儿的嘴唇和嘴角容易潮红、糜烂，裂口等症状，严重者伴有疼痛感和灼烧感，进食时易出血。

### 典型病症：

口角炎的主要病症是嘴角两侧出现对称性的糜烂湿红，嘴唇干燥，舌头充血，严重者嘴唇出现大量裂口，并伴有强烈的灼热感。

引起嘴角干裂的原因有很多，干燥寒冷的天气和部分健康因素都能引起口角开裂。不同类别的口角炎有不同的病症，因此可以通过观察小儿口角的病症来辨别病发原因：口角糜烂湿白，难以治愈是由于感染了白色念珠菌，或者是由于缺少核黄素；局部糜烂湿白，症状对称出现在嘴角两端，伴有唇炎和舌炎，这是由于缺少核黄素；缺牙、无牙等口腔问题将使唾液长期存留在口角，因而引发口角湿白糜烂。

### 致病成因：

1. 人体皮脂腺在春冬两季分泌物大量减少，口唇周围皮肤长期处于干裂状态，让病毒和细菌趁虚而入，引发细菌性口角炎。

2. 不良的饮食习惯或营养不良，小儿的日常饮食中缺少含有维生素 C 和微量元素锌和肠胃消化功能不良的小儿都容易引发口角炎。

3. 不良的生活习惯，小儿不注意卫生，乱吃零食，乱啃脏物，容易吸入大量病菌引发口角炎。

### 真实案例：

在这个冬天，三岁的小林口角出现了烂嘴角的症状，由于冬季天气干燥，小林的妈妈仅是每天帮小林擦拭润唇膏，并未重视。一段日子后，妈妈带着嘴角不见好转的小林去爷爷家做客，爷爷看到小林的烂嘴角，告诉小林妈妈每天用烧熟的米汤给小林擦拭口角，还要擦上用 20 克硼砂末和 20 克蜂蜜调和后的黏合液。小林妈妈才意识到小林的烂嘴角的重要性，便特地上网查询了相关资料，原来，春冬季节，新鲜的纯绿色蔬菜大量减少，小孩子食用的蔬菜不足量，因此体内就会缺少核黄素，特别是本身肠胃的消化吸收功能不强的孩子，特别容易因此引发口角炎。相对地，当人的口角干燥的时候大脑会下意识地指挥舌头去用黏液舔舐嘴角，在干冷的冬季，黏液在空气中很快就蒸发变干，因此口角就会愈加干燥，最后干裂并引起口角炎。

从爷爷家回来后，小林的妈妈就用爷爷教导的办法给小林擦拭，才不到一个星期的时间，小林的烂嘴角就好了。

### 治疗方法：

针对口角炎，民间的治疗方法是用 20 克硼砂末和 20 克蜂蜜调和后的黏合液或者烧熟的米汤每天 3 次地擦拭伤口处，在一定程度上能治愈口角炎。从医学角度看，治疗口角炎的方法是用 15 克麦冬和茅根，加 30 克银耳用水浸泡后饮用，也可以用维生素 E 胶囊中的油脂涂抹病发处。针对不同病因引发的口角炎要采用不同的治疗办法：由于缺少核黄素引发的口角炎，首先要涂抹防感染药物，其次用淡盐水清洗口角去除痂，嘴角干燥后用研磨后的维生素 B2 粉末在三餐和睡前各涂抹口角一次；由于缺少锌元素引发的口角炎，应多食用新鲜蔬菜和水果，尽量减少食用辛辣食物，同时减少抽烟喝酒的次数，以免这类刺激性物品加重病情。

## 中医辩证：

中医认为引发口角炎的原因有很多：

1. 外在因素，低毒性的化脓球菌或白色念珠菌感染。

2. 内在因素，营养不良，缺少适量的核黄素，引发口角炎时伴有草莓样舌等病症。

3. 牙齿问题，在牙齿生长过程中牙齿位置失当，上嘴唇挤压下嘴唇，使口角黏膜长期处于口水中。

4. 免疫力问题，身体虚弱、缺少适当运动，摄入蛋白质不足均可引发口角炎。

## 日常护理：

### 1. 注意小儿饮食

教育孩子平衡进食，多吃富含核黄素的粗粮、豆制品、牛奶、鱼类，同时多吃新鲜蔬菜水果，如西红柿、花菜、菠菜、南瓜、苹果、梨子等，避免孩子养成挑食的坏习惯，当孩子的嘴角干裂时注意提醒孩子不要用舌头舔舐。

### 2. 注意小儿的口腔卫生

大量细菌感染引发的疾病都与不卫生的生活习惯有关，饭后教导孩子要漱口，睡前教导孩子不要吃东西，更不要喝奶，以免残留的食物遗留在口腔中，为细菌滋生提供环境。当孩子出现口角炎后，可以给孩子口角涂抹软膏等以保持嘴角湿润，同时喂食维生素 B 溶剂，当大人出现口角炎后，要尽量避免和小儿的接触，适当地保持距离。

### 3. 注意面部保护

干冷的环境容易使嘴唇干裂，因此在日常生活中家长不仅要帮助小儿保持口腔卫生，同时要在小儿口唇干燥时为其涂抹食用油、甘油以免口唇干裂，并注意提醒孩子不要用舌头去舔舐嘴角，以免产生局部糜烂。

### 4. 多与小儿做户外运动

免疫力决定着一个人对病毒的抵抗能力，家长应多带孩子去户外做运动，一方面提高孩子的免疫力，另一方面让孩子尽早适应环境的变化，做好预防小儿口角炎的工作。

## 03 小儿呕吐，家长应该怎么办

有小儿的父母都知道，小儿常常不知道怎么了就呕吐，我们为此都很担心。其实，呕吐是为了排除身体内的有害物质，对身体起到保护作用。通过呕吐，身体内的一部分毒素会随着吐出的东西排出体外。吐过之后，最好用药调理一下，让肠道的功能得到迅速的恢复。

### 典型病症：

1.吐出的秽物很清或者是带泡沫的没有消化的奶汁，这多是由于小儿的食管狭窄和贲门失弛缓造成的。

2.吐出的秽物中有黏液乳凝块和胃内容物，这多是由于小儿的幽门狭窄造成的。

3.吐出的秽物中有黄或绿色清亮黏液并有很少的奶块，这多是小儿十二指肠的问题，十二指肠闭锁或狭窄，也可能是环状胰腺和肠旋转不良。

4.吐出的秽物是黄绿色的液体并混有不多的食糜，这多是高位空肠闭锁或黏连性肠梗阻、肠麻痹时引起的。

5.吐出的秽物是浅褐色并有异嗅味，表明是梗阻在空肠中下段或其远端。

## 致病成因：

呕吐的病因主要分为两类，一类是生理性的，另一类是病理性的。

1. 生理性：这主要是指婴儿的溢奶。婴儿的溢奶属于正常现象，不影响婴儿的食欲和身体状况。这种现象会自然停止，不需要担心。

2. 病理性：这主要是指由喂养问题引起的呕吐症状。婴儿吃奶的姿势、吮吸母乳太快、人工喂奶时的奶温低，或者给婴儿过早辅食等，都可造成呕吐。

## 真实案例：

最近王太太愁坏了，家里的小孩刚刚两岁半，总是吐个不停，天天往医院跑，又打针又吃药，也没见好转。最后实在没办法了，就跟爷爷说了。

爷爷看了看孩子吐出来的东西，都是没有消化完全的食物，还有股酸臭的味道。爷爷就说，这是消化不良，孩子的胃肠功能还没完全成型呢，如果给孩子吃了不容易消化的食物，容易引起小孩的肠胃功能失调，致使食物消化不了，就呕吐了出来。

爷爷还说了一个偏方，给孩子喝些乌梅柿饼粥。爷爷说，这乌梅常被用来治疗呕吐的，把乌梅煎汁，再和柿饼一起煮成粥，给小儿喝下去，能够帮助润滑肠道，促进食物的消化，更能帮助脾胃进一步提升消化的能力，使呕吐的症状得到缓解。

王太太按照爷爷说的偏方去做，果然呕吐少了，而且增加了食欲。王太太将有所好转的情况告诉了爷爷，爷爷说，虽然孩子现在爱吃食了，但现在还是没有完全好转呢，还要慢慢地进行调理，不要给孩子吃过分油腻和有刺激性的食物，可以给孩子吃些粗粮和果蔬，训练一下孩子的消化能力，逐步地调养才能完全好了。

## ❀ 治疗方法：

　　小儿的呕吐物不同，表明是小儿身体的不同部位出了毛病。如果小儿的呕吐经常发生，而且很频繁，父母就不要再给小儿喂奶了，可以适当地喂小儿一些豆浆、葡萄糖之类的东西。小儿的呕吐症状有所好转后，再喂一些如麦片粥、软面条等容易消化的食物。呕吐期间，要多给小儿补充水分，少吃多餐。不要给小儿喝牛奶，因为牛奶这种东西是更容易引起小儿腹泻胀气的。

　　案例中所提到的乌梅柿饼粥，对小儿在呕吐的恢复期是很管用的。因为乌梅可以涩肠生津，能够有效地止住呕吐，再加上柿饼的效能，可以帮助婴儿宝宝消化吸收，把两者放在一起煮成粥，给小儿食用后，可强化小儿的肠道和脾胃功能，也能防治小儿呕吐。

## ❀ 中医辩证：

　　对于小儿呕吐的原因，中医认为是由伤食、胃热、胃实、肝气犯胃，惊恐等造成的。治疗的时候，应该根据病因，对症下药：

　　1. 乳食积滞型。这种症状主要表现为呕吐有酸臭味、吐有不消化的食物，没有食欲，腹胀，睡不着觉，便秘，舌质红，苔厚腻，脉滑有力，指纹紫滞等。治法：消食和胃。

　　2. 胃中积热型。这种症状主要表现为吃进去东西就吐，吐出的东西难闻，口干舌燥想喝水，身体发热，脸色发红，便秘或大便臭秽，小便尿的少而且颜色发黄，舌质红，苔黄，脉滑数等。治法：清热和胃。

　　3. 脾胃虚寒型。这种症状主要表现为吃了东西很久才吐出来，或者早上吃的晚上才吐出来，而且吐出来的秽物少，主要是不消化的乳食和残渣，而且还伴有脸色苍白、疲劳乏力、四肢冰凉。治法：温中散寒，和胃降逆。

　　4. 肝气犯胃型。这种症状主要表现为暖气频频，吐出的都是酸水，胸胁胀痛，人容易情绪化，而且舌红苔厚腻，脉弱。治法：疏肝理气，降逆止呕。

🧊 日常护理：

1. 给新生儿婴儿哺乳不能急躁，哺乳过后，要把小儿的身体抱正，轻轻地拍打他的后背，直到他打嗝为止。

2. 给小儿喂食时，一定要定时定量，尽量少吃油腻的食物和喝冷水或冷的饮料。

3. 小儿发生呕吐后，症状较轻的，可以吃一些流食，症状重的暂时什么东西都不能吃。

4. 小儿发生呕吐时，一定要让小儿侧身，不要让呕吐的东西再吸入口中。

5. 小儿发生呕吐后，一定要查明原因，找准病症，对症进行治疗。

## 04 小儿呃逆，是一种不可忽视的疾病

呃逆，在生活中很常见，是一种生理反应。很多父母对小儿呃逆常常并不放在心上。但如果宝宝经常发生呃逆，并且持续很长时间，这就不是正常的了，而是一种病态。它反映出小儿体内有胀气，脾胃亏虚，这个时候就需要进行调理和治疗。小儿呃逆的发生，是由于小儿体内的胃气向上逆动，小儿饮食不规律，吃得太饱，或者吃了太多的生冷或过热食物，受凉或者受惊，都是可能引发呃逆的。

### 典型病症：

1.呃逆的临床表现为喉间呃呃连声，声音短促而且频繁，而且很难控制住。

2.常常还伴有胸膈痞闷，胃脘嘈杂灼热，嗳气，情绪不稳定等症状。

3.很多时候都跟饮食不规律、情绪低落、身体受凉等因素有关系，而且常常是突然发生。

### 致病成因：

呃逆的病因主要有三点：

1. 饮食不当。吃饭过快或过饱，吃生冷食物，或服用寒凉的药物，都容易引起呃逆。中医上讲，这叫寒气蕴蓄于胃，胃失和降，因此导致了胃气向上逆走。若过食辛热煎炒，醇酒厚味，或过用温补之剂，致燥热内生，腑气不行，胃失和降，胃气上逆动膈，也可发为呃逆。

2. 情志不遂。人的情绪也很影响身体健康。恼怒很容易伤肝，并导致气机不顺，胃失和降，胃气向上逆动；忧思很容易伤脾，导致滋生痰浊，胃气向上逆动并且挟带着痰浊，就发生了呃逆。

3. 正气亏虚。大病初愈，这时候脾胃也很虚弱，常常导致胃气向上逆动，因而发生了呃逆。若病得很严重，并且伤到了肾，也可导致呃逆。

## 📋 真实案例：

小英今年两岁，已经过了母乳期，但却常常在吃完饭之后不停地呃逆。妈妈带着小英看了医生，并给小薇肠胃做了详细的检查，也没发现什么问题。但是呃逆却是常常发生的，特别是喝了牛奶后，更是呃逆不止，有时候会持续三十多分钟。于是妈妈来找爷爷，让爷爷给小英看一下。

爷爷给小英细致地检查了身体，就发现了病因。是小英因为胃寒和胃气不和导致发生的呃逆。治疗的时候主要是要给小英理顺胃气。但如果过分地给小英吃药，却可能给小英的胃脏增加负担，更容易伤了脾胃。爷爷给了一个建议，用橘皮和鲫鱼煮成汤，给小英喝。这道汤可以和胃养气，特别适合有胃寒的小儿食用。还让妈妈给小英准备了山楂糕作为零食，让小英饿的时候，多吃一些山楂糯米糕来促进消化、健脾开胃。解决了肠胃消化问题，体内的胀气自然而然地消除了，呃逆也就停止了。

按照爷爷建议的方法，半个月后，小英的呃逆就好了。

✿ 治疗方法:

1. 用其他的事情分散注意力，使情绪放松。
2. 长呼吸，多进行几次。
3. 大口大口地喝一些开水，分次咽下。
4. 用干净的手指放入口内，轻轻地刺激咽部。
5. 吸入含 90% 氧气和 10% 二氧化碳的混合气体。
6. 嚼一些生姜片。
7. 榨一些生韭菜汁口服。
8. 找一些新鲜柿子或柿饼的蒂煎成水后口服。

✿ 中医辩证:

小儿呃逆，大多是因为有少量食物滞留在了脾胃所导致的，因此应该多吃一些山楂、砂仁、果皮等可以消滞、正气的食物来调理。呃逆位置通常是在膈，但病变关键通常是在胃，也与肺、肝、肾有关联。胃在膈的下面，肺在膈的上面，膈是在肺和胃之间的位置，而且肺和胃都有经脉和膈连接；因此如果肺胃里有气体向上逆走，都可能使膈间的气机不畅通，逆气上行到喉，就发生了呃逆。

✿ 日常护理:

发生呃逆的时候，一定不要慌张。如果是因为吃得太饱太急而发生了呃逆，几分钟后就可以自动好了。如果是因为慢性病引起了呃逆，加强一下胃动力的治疗，也不会有大的问题。不过在呃逆的时候是忌服冷饮的，也不要去做一些剧烈运动想解除呃逆，这两种做法都是不可取的，往往会让呃逆更加严重。

小儿排便不畅可能是
患上便秘

新生儿因为还没能够创建排便反射，所以每天大概要大便 3~6 次，之后会慢慢地减少次数。新生儿的消化系统还不是很完整和成熟，所以排便并没有什么规律可循，有的时候可能是一天 3 次左右，但是有的时候可能 3 天才会排便 1 次，如果 3 天还没有排便的话，那么就可以鉴定为便秘。

典型病症：

新生儿是不是有便秘的情况，并不是只根据排泄的频率来推算的，而是要根据新生儿排泄物的多少以及排泄物的成分来推算，而且要看排泄物是不是对新生儿的健康情况产生了影响。每个新生儿的身体情况都是不一样的，所以他们每天排泄的频率也是各不相同的。比如说，全母乳喂养的新生儿每天的排泄次数比较高，而非母乳喂养的新生儿，可能是每天排泄一次，有的可能三天排泄一次，其实这并不用太过担心，只要排泄物的质和量正常，新生儿一切正常，就无需担心。

但是如果新生儿出现了以下这些情况，那就应该考虑到新生儿是不是有便秘的状况了：

1. 排泄物比较少而且干燥。

2. 排泄的时候疼痛，出不来。

3.肚子胀痛。

4.食欲下降。

## 🔍 致病成因：

1.人工喂养：牛奶消化之后，会留下很多的皂钙，而皂钙会让排泄物变得干燥，之后引起便秘。

2.乳量不足：如果新生儿摄取的母乳不多，或者是经常吐奶，或者吃一些补液，这些都会引发新生儿短暂的没有排泄物的情况。此外，新生儿的消化功能发育不成熟，就会引发便秘和呕吐母乳的情况。但也不用过于担心，只要新生儿体重不降，这些现象都是很正常的。

3.外科性疾病：有可能会产生一些畸形，其中包括肠道闭塞、肠道狭小、先天性的巨结肠、先天性无肛等，这些疾病会引发严重的吐奶和腹胀的情况，如遇此类情况，需要快速就诊。

## 🔲 真实案例：

某天，住在一个小区，平时和爷爷关系很好的李爷爷打电话给爷爷，让爷爷赶紧过去一趟。到了李爷爷家之后，爷爷发现李爷爷正在哄着自己的孙子小军拉大便。李爷爷非常着急地告诉爷爷，说自己的孙子已经三天没有拉便便了，而且小军的肚子鼓鼓的，吃不进去东西。

小军已经有两岁了，能够很清楚地表达自己的想法和感觉，但是他却不知道自己怎么了，只是说自己一上厕所就觉得肛门疼痛，而且肚子也很痛，所以不想要上厕所。爷爷先给小军把了下脉，发现小军是湿热内蕴型的便秘，也就是在小军的内部有一些湿毒汇聚，不能排出来，最终导致了便秘。李爷爷这个时候又告诉爷爷说，最近发现小军的内裤上有一些排泄物，李爷爷以为小军拉在身上了，所以强迫他上厕所，但是小军并不想上。

爷爷让李爷爷宽心，并且介绍了一种食材，就是菠菜奶油汤，并且给小军做了一碗，让小军吃。不一会儿，小军就想要上厕所，并且排泄物呈现湿热浓稠的稀状。爷爷说这是很正常的现象，说明小军体内的湿毒已经排了出来。并且告诉李爷爷，可以经常做一些有菠菜的东西，因为菠菜能够润肠清肠，调理脾胃。

之后，李爷爷照着爷爷所说的做了之后，小军渐渐的养成了每天大便的好习惯。

## ❀ 治疗方法：

1. 多饮水，特别是对于那些不是母乳喂养的孩子，可以在喂奶的时候，加一些温开水让他吮吸。

2. 多做腹部按摩，每天两次左右，每次五分钟，注意顺时针。

具体步骤是：将手心朝下，让在新生儿的肚脐眼的部分，然后顺时针进行搓揉。这能够让新生儿加快肠胃的蠕动，利于消化。值得注意的是，力道一定要适中。

3. 如果产生便秘的情况，可以用小孩子适合的开塞露和肥皂条。

4. 新生儿如果便秘或者是大便干燥就可以先用开塞露通便。注意药剂大概是半瓶，然后让药剂至少停留在肠内五分钟，如果挤入就拉，就是白费力气。注意事项是，不要用食指抠粪便，不然可能造成大便失禁，可以用小指蘸少许凡士林进行润滑。

## ❀ 中医辩证：

中医常说，"肺与大肠相表里"，也就是说，如果宝宝的肠胃出现毛病，很可能会对肺功能有影响。比如说宝宝经常性便秘，就会把滞留在体内的病毒渗入内脏，最终引起宝宝感冒。之前所说的食疗中，菠菜奶油汤很有效，这主要是因为菠菜所富含的植物纤维可以利于肠胃蠕动，帮助排泄。如果新生儿的排泄物中看到有血丝，可以服用红薯粥治疗。值得注意的是，红薯粥必须要趁热吃，如果凉了之后再吃，就会引起新生儿内脏受寒，进而导致胃酸，这反而会让大便更加干燥，难以排泄。

📋 日常护理：

便秘的坏处有很多，最多的是容易身体营养不良，从而引发痔疮等一系列疾病，所以应该尽早发现，尽早治疗和预防。

1.改善饮食结构：最好能够母乳喂养，母亲摄取营养物质的时候，应该注意不能够多吃高蛋白食品，像是鸡蛋、虾等，最好能够多吃一点菜蔬。如果此类喂养的孩子出现了便秘的状况时，可以让母亲多吸收一些润肠通便的食品，比如说橙汁、蜜糖等。

2.非母乳喂养孩子更容易出现便秘状况，这个时候可以适量减少牛奶喂养，而在牛奶中多加一些糖、蜂蜜、橙汁等，这可以有效地促进孩子肠胃蠕动。稍大一点的孩子，还可以吃一些蔬菜、粗粮。

3.对于营养摄取不够的孩子来说，应该多吃些营养的东西，强壮身体，这样可以让肠胃的内壁增厚，从而减少便秘。

小儿腹泻是一种很平常的疾病，所谓腹泻，也就是排便的频率比正常时候高出很多，而且排泄物呈现出水状，稀状，可见没有被消化的食物残留物。小儿的腹泻非常高频，仅仅低于呼吸道感染，可以说是幼儿疾病中排第二的疾病。小儿腹泻多为2岁以下，这其中1岁以下小孩发病占到了一半。小儿腹泻特别易引发小孩体内脱水和身体里面的电解质不正常，所以小儿腹泻一定要快速治疗。而小儿腹泻的高频期是在夏季和冬季，夏季的腹泻只要是因为夏季肠道细菌感染，此类排泄物很臭，很黏稠；冬季的腹泻是因为轮状病毒，此类排泄物稀状，不臭。

### 典型病症：

1. 轻型腹泻：多数是因为饮食不当或者是肠道细菌引起。这类腹泻，每天的排便次数在 10 次之下，排泄物不多，多呈现稀状或者是黄色水状，有些还带有乳白色黏液。这类腹泻的孩子，通常没有食欲，有的会出现吐奶情况，其他的身体机能没有大问题，可以在几天后治愈。

2. 重型腹泻：多数是因为肠道细菌感染。这类腹泻，每天排便多达 30 次，排泄物多为水状，同时伴有腹痛和呕吐症状，脱水严重。

## 🔍 致病成因：

小儿腹泻原因分为两种，一种是非感染性的，一种是感染性的。

1.非感染性原因：这是一种正常的生理性腹泻，有的是由于母乳的营养过高，腹泻出来的都是小儿不需要的营养。有的就是喂养不当而引发的腹泻，这类多是非母乳喂养，因为喂养的时间不统一，喂养的量不当，或者是因为突然改变喂养的食品所引起的。有些小儿对于有些食物是过敏的，这也是引起腹泻的原因之一。而外界环境、气候变化，也会突然引起腹泻。

2.感染性原因：又分成肠道内感染和肠道外感染。肠道内感染多是因为病毒，寄生虫等引发的。特别是病毒感染，多为轮状病毒，这是小儿冬季腹泻的主要原因，还有一种就是诺沃克病毒。

## 📋 真实案例：

小武是一个刚刚满8个月的新生儿，有一天，小武的母亲给爷爷打电话说小武最近常常腹泻，虽然去医院看过，但是只是好了几天就又病发了，这让小武母亲很是伤心，又不敢多给小武看西医，于是就给有经验的爷爷打电话。

爷爷给小武把脉之后，问了小武妈妈关于排泄物的情况。妈妈告诉爷爷说小武的排泄物都是稀状的，而且还伴有一些没有完全消化的奶渣。妈妈说，小武现在正在断奶期间，虽然还在吃母乳，但是都是给他喂一些米糊。爷爷说，小武之所以腹泻是由于细菌感染了，而且脾胃有些损伤，所以最好不要再喂米糊了。妈妈应该多吃一点红彩豆角，然后进行母乳喂养。如果有好转，可以让小武也吃一点红彩豆角。妈妈遵照爷爷的嘱咐做了之后，小武的腹泻慢慢地好转了，而且也给小武多吃了一点红彩豆角。

## ❀ 治疗方法：

1.选择一些儿童专用药。很多母亲都觉得"大人们所用的止泻药只要剂量减少了就可以用来给孩子治疗腹泻了"。其实这种观点是大错特错的。因为每个年龄的人的肠胃发育情况是不一样的，所以并不能非常科学地定义所用的药剂的量，而一旦计量不对，就会对小儿的肠胃造成负担和损伤。所以建议妈妈能选用一些有绿色OTC标志的药品，因为此类药适合儿童，并且安全性高。

2.选择治疗病症更多的药物。小儿腹泻应该对症下药，比如说是病毒性引发的腹泻，就选择肠黏膜保护药，如果是受凉或者是消化不好引发的腹泻，应该多用一些促进消化的药。而现在市场中的药物往往只针对一种情况的腹泻，而如果两种腹泻都发生在宝宝身上，就会需要搭配吃药，这样很容易造成药剂过量，从而引发更加严重的疾病。所以妈妈们可以多选择一些治疗多种病症的药物，比如说度来林。这是一种专业治疗各种小儿腹泻的药物，可以全面完善地治疗。


## ❀ 中医辩证：

从中医学来说，小儿腹泻的排泄物能够让家长更清楚地知道小儿的身体状况。比如说，小儿的排泄物呈现稀状，并有一些食品残渣没有消化完，伴有呕吐等病症，那么此种腹泻就是因为食物摄取不当，所以应该进行食疗。而如果小儿出现腹部疼痛，并且排便时肛门灼烧感强，那就是因为内蕴湿毒引起的，所以应该需要清热解毒。如果出现小孩子食欲不振，脸色蜡黄，则是由于脾胃受损引发的，所以要健胃消食。

日常护理：

小儿腹泻是多发症，所以应该在腹泻好了之后，多做一些护理工作，防止再发。

1.预防脱水：可以进食一些稀饭、汤等容易消化的东西，并且要多观察小儿的体温、尿状等。轻度脱水尿少，但是如果是中度和重度脱水就必须及时就医。

2.补充营养：腹泻会引发营养素的吸收减少，从而导致小儿免疫力下降，所以应该注意补充营养，比如说可以打葡萄糖等。

3.注意护理局部皮肤，比如说用温水洗屁屁。

4.多注意休息。

腹胀，是小儿生长发育过程中常见的疾病，是一种在婴幼儿胃脘及胃脘以下的腹部出现鼓胀现象的病症，通常伴有腹部膨胀、消化不良、厌食、呕吐等现象。病因较多，例如积液、积气或者腹肌无力等，其中"气胀"是最常见的小儿腹胀类型。

婴幼儿在饱食后都会有或轻微或明显的腹部隆起现象。正常情况下，宝宝会感到很舒适，表现也很安静。抚摸宝宝的腹部，感觉很柔软，摸不到硬块的存在，并且没有消化不良等反应，排便顺畅，这是因为幼儿的腹壁较薄，受张力产生的正常生理性腹胀。对此，家长们应留意的是：宝宝腹胀时长多久？表现如何？感觉怎样？抚摸宝宝的肚皮，是否有别于生理性腹胀，区分二者的不同。

### 典型病症:

一般人的胃肠内都有一定量的气体存在，大概 150 毫升。"小儿气胀"多是由于吞咽或者消化、吸收不良使内部积气过多，胃腔内气体无法通过肛门顺利排出体外导致的胃部鼓胀。临床验证中：肠麻痹、肠梗阻、急性胃扩张、吞气症等胃肠疾病，某些肝胆疾病和全身性疾病都是常见的能诱发小儿腹胀的病因。

🔍 致病成因:

1. 因吞咽过快吸进量空气导致胃肠积气。尤其是容易因饥饿或者因喂奶延时空腹感明显的宝宝，在喂牛奶的过程中，常见有这种现象。

2. 家长在选购奶瓶时，忽视了对奶嘴的筛选。奶嘴孔稍大，空气进入宝宝体内。

3. 哭闹过程中，宝宝因呼吸急促吸入过量空气。

4. 宝宝食入的牛奶或其他婴儿食品，在遇到肠内菌以及各种消化酶的共同作用后，引起食物发酵，产生了大量气体。

正常情况下，肠胃内的气体主要通过吞咽入腹以及胃腔内消化活动产生。（例如，细菌发酵活动。）而唾液胃液、胰液小肠液和胆汁等，则是胃腔内液体的主要来源。人只有在健康状态下，才能经由规律的新陈代谢活动，平衡肠道内气体、液体正常的循环吸收和排放。

➕ 真实案例:

丁丁还不到 2 周岁，就已经能吃很多食物了。因为家庭环境优越，宝宝发育很快，饮食营养丰富异常，小区里都知道有个叫丁丁的"小胖子"。最近小胖子好像生病了，年轻的爸爸妈妈没有经验，找不到原因，于是向爷爷求助。

爷爷看到丁丁后，问他哪里难受？他也不说话，就只是可怜兮兮地看着爷爷，一直用小手摸着自己的小肚子，小声地抽泣着。丁丁爸爸告诉爷爷，宝贝这两天像吃坏肚子了一样，可是也不腹泻。问他疼不疼，他又说不疼，可这模样却比疼还难受。昨天到现在也都没怎么吃东西，总是这样摸自己的肚子，正常排便的时间到了，就只是在尿盆上一坐，半天什么都拉不出来。

爷爷掀起丁丁的衣服，摸着孩子的小肚皮，说到孩子应该是犯了腹胀。腹内受气鼓胀，连带脾胃不适，一并导致了食欲下降，消化不良和排便不畅。倒不是什么难治之症，注意调理饮食就好。丁丁父母这才算是松了口气。

爷爷吩咐宝宝的妈妈用粳米和菠菜熬成粥。先给孩子润肠通便，缓解腹胀。饭后爷爷继叮嘱丁丁的父母，以后该适当控制孩子的饮食，避免再次因积食或伤食引起胃肠疾病。虽说能吃是福，但宝宝毕竟还很小，身体尚待发育，吃得太多、太少或者太杂都会影响孩子的消化、吸收功能，因此，必须做到膳食均衡，适度调整，不该贪食。

丁丁妈妈依照爷爷的吩咐，每天以菠菜粥作为主食，不出一周，丁丁的腹胀就全都消了。妈妈还给丁丁做了详细的饮食规划，不再没有节制地给孩子零食，制定了饮食标准及三餐时间。丁丁果然再没犯过腹胀。

## 治疗方法：

严格来说，腹胀是否能算疾病，是否需要治疗，都该以患儿为准，因人而异。如果宝宝的腹部始终柔软，而且脾胃健康，消化正常，只有偶尔的生理性腹胀现象，当然无须特别治疗。家长只需经常适当地给宝宝以顺时针方向按摩即可。最好每天配合给宝宝做抚触：用柏树油同样按顺时针方向涂抹肚子（避开小肚脐）。

家长需要留意的是，如果宝宝腹胀，久胀不消，抚摸宝宝的肚皮，也感到有硬块存在，且隆起部位异常结实，就有可能是疾病性腹胀。此时，宝宝还会有频繁吐奶、食欲不振等表现，继而将导致宝宝排便困难、伴有黄疸、血便等病症表现。家长就该尽快送医治疗，以免耽误病情。

## 中医辩证：

中医认为，小儿因腹胀引起的腹痛不止，排便不畅、舌苔厚重等症状，极有可能是由于积食过多引发的肠道不畅，需要为患儿疏通肠道，调理脾胃；如果患儿因为腹胀烦闷，四肢无力，同时还有哮喘、咳痰等现象，则极有可能是痰梗阻引起的腹胀，先清热化瘀，再去内蕴；如果患儿具有厌食病症，而且大便稀薄，手脚阴寒，舌苔泛白，则是因脾胃亏损引发的腹胀。

## 日常护理：

爷爷选择菠菜粳米粥，首先是因为菠菜性凉、味甘，有清热解毒，润肠通便的效果，正对丁丁的病症。再加上粳米味甘、性平，健脾养胃，和菠菜一起更具调理效果。其次，菠菜中富含丰富的矿物质有助于幼儿的骨骼发育，可以加快人体新陈代新的速度，提升机体的造血功能，可有效缓解患儿的病情。

建议家长在幼儿患有腹胀期间，适当为患儿按摩腹部，有助于肠道蠕动，让孩子多排气，从而减少胀气。可以多给幼儿吃些山楂辅助消食。避免患儿进食萝卜、韭菜、蜂蜜等易产生胀气食品，更加不要接触栗子、豆泥等容易导致便秘的食物。

## 08 小儿过敏症要内调外治

过敏症，又叫过敏性休克或严重过敏反应。是临床免疫学紧急事件之一。现在被描述为一组包括免疫和非免疫机制、具有突发性的、涉及多个器官的严重临床症状，是一种具有多重诱发机制，病变不尽相同的临床学综合征。

### 典型病症：

过敏症包括：头痛、唇干、耳鼻痛、耳鼻潮红、耳道湿润、黑眼圈、小儿面瘫、皮肤干燥或多汗、腹痛、腹胀、腹泻、便秘、湿疹、哮喘、呼吸急促不规则、脉象紊乱等诸多病症。

1~3岁幼儿主要表现为：脾气暴躁、多动、自闭、自残、自卑、嗜睡等。他们讨厌人群，习惯躲在暗处，不愿穿脱衣物等。

3~6岁的孩子则表现为：情绪多变、行为冲动、自制力差、无法集中注意力、烦躁不安、思想消极、固执易怒、行为具有攻击性、嗜睡多梦、目光涣散、间歇性失语、5岁后仍会尿床等。

### 致病成因：

1.任何食物都可以诱发过敏症，其中牛奶、蛋清最为常见，还有花生、豆科植物、坚果类食品等。

2.各种疫苗引起不良反应的主。例如，麻疹、腮腺炎、黄热病等。可以通过患者的病史找到线索，如疫苗中含有禽蛋白、水解明胶、山梨醇或者新霉素等成分。

3.昆虫性过敏。各种蜜蜂、蝴蝶、甲壳虫等。

4.药物性过敏。β-内酰胺抗生素和阿司匹林最为常见。

5.皮肤试验时由于所用器材的改变，也可以导致过敏。

6.运动型过敏。某些患者容易在饭后运动时病发，而某些患者则是在食用了特殊食物后才会出现过敏反应。这种被称为运动依赖食物诱发过敏症，防治办法是避免在饭后2小时内运动。

7.寒冷也可以诱发过敏症。轻者遇浑身起风团、发痒，暖和后会即刻消失，重者则可能全身过敏，这类患者应避免降温和游泳，一旦病发，尽量供暖升温。

⊡➕ 真实案例：

萧萧从三岁起，面部开始出现小红点，里面有白头，之后会慢慢变干起皮屑。后来是耳朵后面起湿疹，会向外渗水，结巴。头皮也是。妈妈带萧萧到了爷爷那里就诊，诊断为过敏。爷爷说，一些具有过敏体质的孩子，食入过敏源后，通过消化吸收融入血液，吃进去再经由毛细血管进入皮下组织，以湿疹的形式表现在皮肤上。

湿疹防治不是大海捞针地寻找过敏源然后躲避，而是尽量完善孩子的胃肠道系统功能。而且，现代医学也不提倡为了避免过敏而剥夺孩子应有的权利。因此，平时可以食用一些益生菌改善幼儿的胃肠道系统，直到宝宝的胃肠道系统趋于正常，湿疹也就会逐渐好转。

爷爷吩咐妈妈常备一些外用膏药。用温水和非碱性沐浴乳给宝宝洗澡，尤其注意皮肤褶皱处的清洁。沐浴乳必须冲干净，洗完后，用干毛巾擦干宝宝身上的水分，最后涂上非油性外用润肤膏，避免阻碍皮肤的正常呼吸。

妈妈刻意给萧萧吃一些含有合生元的益生菌，以改善宝宝的胃肠道系统，同时规避萧萧的过敏原食物和花粉烟尘，三天后，萧萧的过敏开始有所好转。

## 治疗方法：

1.一般处理：尽可能阻止自己接触一切可能诱发过敏症状的事物，甚至相关事物。一旦身体出现反应，应立刻有针对性地发现、解决和处理。在病情抑制后，快速送医。

2.通过食疗摆脱过敏症的患者，应该注意均衡营养，少食油腻性食物和甜食，同时避免烟酒刺激。应该注意辨别跟过敏源相关的事物，多吃富含维生素的食物，增强机体免疫能力。洋葱和大蒜中的抗炎化合物，可以有效地防止过敏症的病发。很多蔬菜和水果也含有抗过敏症成分，其中椰菜和柑橘的功效最为显著。每天适量的豆浆，对过敏性体质者来说，也是个不错的主意。

3.症状严重的患者，可以求助医生，通过脱敏治疗法等医学手段改变过敏性体质。爷爷说，可以通过医学手段改变患者的血清，向皮下注射含有过敏源的乳类或花粉等成分的原浸液，并逐渐加大浓度，最终彻底改变过敏者对事物的抵抗力。

## 中医辩证：

中医认为，小儿过敏的原因主要是受湿热内蕴，脾胃不和所引起的血热阴虚。而针对不同的病理，倡导应采取分症变质法，因此针对不同的病理对患儿分别对待。

1.湿热内蕴型：皮肤上有明显的疹斑、会渗出水分，一旦抓破皮疹患处，就会出现鲜红的糜烂表面。患处的组织液渗出后会快速干涸，干涸后变成黄色厚痂。此类患者应注意对利湿清热的处理，去除肠胃湿热、利肠通便。

2.脾虚湿甚型：皮损部位被抓破后常有浅红色糜烂肌肤呈现。其成瘾主要是因为渗出液体不易干收，所以会形成薄痂，由于渗出液不易干收，所以会形成黄色的薄痂。此类病患，多属脾虚湿甚，宜健脾除湿、加强脾胃功能、提升肾气。

3.阴虚血燥型：会在表皮生出深浅不一的泛红暗斑，皮损处粗糙干燥，上覆有鳞屑，病患常常感到口渴，却不喜喝水，舌苔暗红，中医建议：滋阴补血，润肌降燥、滋养肺阴、强化脾胃。

## 🏥 日常护理：

### 1.控制好身边小范围内的环境湿度

潮湿环境会导致细菌的滋生，环境干燥又会导致鼻黏膜等屏障作用的降低，也不可取。以环境湿度 50% 为宜。夏天冷气不要吹整夜，可在房内放盆水以增加湿度。

### 2.减少卧室的尘埃

应该保持室内环境清洁，勤换洗，勤擦拭。尤其是被单、被套、枕套等。

### 3.避免接触刺激源

应该尽量避免使用蚊香、熏香、杀虫剂等具有挥发性作用的物品。室内应通过高效能的空气滤清器进行可净。避免出现在花团锦簇的场合，大风天气切忌出行。

### 4.饮食保健

呼吁妈妈们尽量母乳喂养宝宝，可以有效降低因奶粉引发的过敏症状。最好能够坚持六个月的喂养时间。有关婴幼儿的饮食，建议以清淡为主，尽量避免调味料及色素的添加。

### 5.适当地进行些体育运动

婴儿期在睡眠过程中，不易把被子盖得太过严密。待宝宝稍微长大一点，可以适当地接触户外运动，但要尽量避免出太多汗以防汗液诱发的湿疹病症。

疳积是幼儿时期，尤其是处于 1～5 岁的幼儿，是疳积病症的高发人群。疳积的病因大多是由于对幼儿喂养不当引发的一种常见的小儿疾病。又或者因为受到某种病症的影响，导致脾胃受损、消化功能减退、营养不良、气虚体弱等症状。自古以来，疳积就跟麻疹、惊风、天花齐名，有儿科四大病症的说法。

## 典型病症：

疳积症病程较长，变化较慢，都是因为脾胃受损导致的一种儿科类慢性疾病。泛指小儿脾胃失调，运化失宜。幼儿在 3 岁左右，是患病的危险期。

主要类型

1. 轻度病患：腹部、躯干以及大腿内侧的皮下脂肪逐渐变薄，肌肉松弛，体重低于正常标准 15%～25% 的患儿。

2. 中度病患：腹部、躯干、四肢皮下脂肪明显消失，大腿褶皱现象明显，同时肌肉无力，皮肤苍白如纸，病态尽显，身形消瘦异常。

3. 重度病患：全身脂肪流失显著，面颊凹陷、极其瘦弱。全身皮肤干燥、毫无弹性，多出布满皱纹，形如枯槁，老态尽显，体重低于常人 40% 以下的病患。

🔍 致病成因：

**1. 喂养不当导致脾胃亏损**

由于婴儿时期喂养不当，一开始就给宝宝的发育埋下隐患。又因为，后天的饮食不当，造成脾胃进一步受损。

**2. 脾胃虚寒薄弱**

幼儿时期的隐患会导致脾脏功能下降，经常消化不良导致胃部积食严重。患儿多有营养失调、腹部肿胀、气虚多汗等症状，而且胃肠疾病久患未愈，会威胁到宝宝正常的生长发育。致使营养失调，患儿羸瘦，气液虚衰，发育障碍。

乳食不节和脾虚胃弱是导致幼儿罹患疳症的主要原因。两者关系承上启下，共同造成了幼儿从疳疾诱发到疳症恶化。家长的责任重大，失职严重。

📋 真实案例：

黄小姐还沉浸在初为人母的喜悦中，一岁的宝宝鑫鑫就生病了。这天，黄小姐抱着宝宝，来找爷爷看诊，黄小姐说，最近孩子的胃口一直不好，常常口渴，频繁喝水，生病到现在，明显瘦了很多，她曾怀疑过，是不是宝宝肚子里生了蛔虫，但是杀虫药剂吃了很多，也不见效。宝宝反而更厌食了。爷爷让鑫鑫把舌头伸出来，简单地看了一下。结果发现，宝宝是患了疳积，导致食欲下降，引发腑脏不和，消化不食，导致营养失调，所以宝宝才每天消瘦。

爷爷给黄小姐开了一个鸭梨山楂粥的偏方，做法非常简单，将鸭梨和山楂洗净切丁后，做成果酱，每次给宝宝喂食，都放一些在粥里，熬上半个钟头左右，再放些冰糖，即可当作宝宝的主食了。这个偏方，除了可以在宝宝疳积期间食用，平时，也可以让宝宝当早餐吃。在给宝宝开胃健脾方面效果明显，而且口味酸甜，宝宝都喜欢。

按照爷爷的方子，黄小姐给宝宝做了鸭梨山楂粥每天都拿给宝宝当主食食用。这样大概过了一周左右，鑫鑫的情况明显好转了。不仅食欲恢复，肚子也舒服了。黄小姐还结合了大麦苍术饮，适当地对鑫鑫的饮食进行调理，配合宝宝的口味，同时又满足了营养的搭配，第2周过后，宝宝的疳积也差不多快痊愈了，而且，体重也慢慢恢复了。

## ❀ 治疗方法：

（一）食疗治疗法：用鸭梨和山楂粥做成果酱，宝宝熬果酱粥。

（二）按摩治疗法：

### 1. 适用于伤食

表现：精神躁动，夜不安眠，目讷口呆，苔厚腻，脉滑数。拒绝碰触。还会呕吐残渣，大便腥臭，小便混浊。

治法：先消积食，再调脾。

推拿穴位：揉板门、清大肠各2分钟，再分别推拿七节骨、承山各1分钟，推拿天柱骨，逆时针揉巨阙各2分钟，可以有效缓解呕吐症状。

### 2. 积滞伤脾

表现：郁郁寡欢，心绪烦躁，面色萎黄，或者厌食，或者贪食。毛发干枯，头大颈细，腹部鼓胀（蛤蟆腹），脂肪消失明显，青筋暴露，苔腻舌质淡，脉濡细。

治法：理气健脾，兼顾消积。

推拿穴位：推六腑2分钟，摩腹1分钟，逆揉天枢1分钟，刮四缝1分钟，分腹阴阳1分钟。

### 3. 气血全虚

表现：精神萎靡，睡眠露睛，食欲不振，或便秘或便不消化食物，面色㿠白没有光泽，形体干瘦如柴，四肢不温，哭声无力，舌质淡少苔，脉虚无力。

治法：益气养血、健脾养胃。

推拿穴位：补肾 2 分钟，补脾 3 分钟，推上三关 1 分钟，揉三阴交 2 分钟。

## 中医辩证：

疳积根源在于喂养不当，进而失调致病。寄生在胃肠道内的寄生虫，可诱发多种慢性疾病。疳积就是其中之一。患儿大都伴有面色发黄，消瘦赢弱、木讷不安、脾气烦躁等症状。中医认为，小儿疳积病因虽多，但根源其实就是"腑脏"。脾胃受损，伤及元神，消耗气血，邪毒入侵，久未根治终成恶疾。其中，5 周岁以下婴幼儿为疳积高发群体。

## 日常护理：

小儿疳积发展缓慢，初期常会被家长忽视。而事实上这种疾病对婴幼儿是最具威胁性的，潜伏期漫长，却可危及生命。

因此，建议各位家长：应该着重调整宝宝的日常饮食，切忌让宝宝接触到任何生冷、性寒以及过油腻、过辛辣的食物。例如：大枣、栗子、肥猪肉和羊肉等。都是患儿需要忌口的食物。太多家长因为看到宝宝消瘦，就想给孩子多补补。这样做恰恰是与调养背道而驰的。小儿疳积是脾胃受损而至，这种"补法"不仅不会改善孩子的病情，反而会因脾胃虚弱，无法吸收补品的营养而导致消化不良、病情加重。疳积患儿的饮食重在易于消化，应选择如山药、桂圆、精肉、山楂等食材，既健脾开胃，又易于消食，加之属性温和有助调理，温补元气。

## 01 处理小儿麻疹的办法

小儿麻疹是由麻疹病毒引起的传染病。多发期为春冬季，主要患者为 6~8 个月大的婴儿。其症状为发热、结合膜炎、流泪明、麻疹黏膜斑和全身斑丘疹、皮疹消失后有糠麸样脱屑及棕色色素附着等症状。

### 典型病症：

1. 潜伏期：皮疹潜伏在身体的时间为 6~18 天，症状为低热。
2. 前驱期：有时候发热与皮疹同时出现，但有时不会发热。
3. 出疹期：皮疹最初为细小斑疹，一天后转变为露珠状疱疹。之后待疱疹成熟后，疱液干燥结痂。皮疹分布呈向心性，以躯干、头、腰部多见。不同时期的皮疹类型不同，但他们会同时存在。在口腔部位的皮疹，还会出现口腔溃疡。皮疹的消亡期为 1~3 周，一般不会留下痕迹，但是一旦感染就会留下疤痕。

### 致病成因：

现代医学认为，除皮疹病毒引起皮疹外，就是患者之间的传染了，主要是通过飞沫和衣物的间接传播。随着麻疹监督活疫苗的出现，皮疹已经变得很弱势了。但局部落后地区仍在流行。

麻疹病毒是仅有一个血清型的副黏液病毒，含有核糖核酸。当侵入呼吸道上皮细胞后，第二天进入淋巴，这是病毒入血，通过第一次病毒血症到达肝、脾及其他单核巨噬细胞系统的细胞中，大量增殖后，再入血循环，造成第二次病毒血症，同时破坏受侵袭的细胞，出现临床表现。

📋 真实案例：

一位老太太带着孙子来看病，据她说，孩子患了皮疹，但是吃过在医院开的西药后，不但没好转，身体还更加虚弱了，食欲不振，有时候还会把药吐出来。

当爷爷打听孩子的排便状况时，老太太说孩子排了混着不少未经消化的食物残渣的具有腥臭味的大便，而且尿液也很黄。爷爷检查后，发现孩子是由于脾胃不健导致了湿疹。西药不但没有缓解脾胃，而且增加了肠道和胃部的负担。爷爷开了一个秘方，红萝卜马蹄汤，能减轻胃部的负担，清除湿热。

老太太按照方法做了红萝卜马蹄汤，每天都会喂给宝宝喝，大概经过了 4 天，宝宝的病情就出现明显好转了，疹包小了，胃口好了，排便也不稀了。

✳ 治疗方法：

1. 迄今为止，麻疹是一种无特效药治疗的传染病，只能用中医疗法。中医一般采取分段治疗法。主要通过透疹、清热、解毒等方法来从外治疗疹毒，然后配用西医疗法进行结合治疗，但是切忌滥用抗生素。

2. 麻疹一般会出现并发症，和它最亲密的就是肺炎，这时就要用抗生素来制伏它。与此同时要用中药治本，清热解毒。值得引起我们注意的是，对于麻疹的任何并发症都要采取中西结合疗法，如喉炎，脑炎，心肌炎等。

3.哪些中药具有抗击病毒的能力呢？现在药理研究证实，主要有野菊花、大青叶、板蓝根、金银花、黄芪等，他们可是很强的，还能加强体质的抗干扰能力，帮助机体修复麻疹，促进身体康复。

治疗方法上，其核心为宣透解毒，要分析各个阶段的不同症候，在各个阶段要分别采用透发，解毒，养阴等疗法。一定要让麻疹发散出来，而非抑制它。否则邪火会对身体产生更大的危害。分段疗法主要分为三个阶段，在出疹前要以透发为主，在出疹期要以清热为主，在回疹期以养阴为主。但是养阴也不能着凉，凉气会促使邪气留在体内。

## 中医辩证：

中医通常认为引起麻疹病的患者主要是从口鼻吸入的麻毒，到达肺脾。由于肺与鼻子是相通的，鼻子又主要负责呼吸。一旦病毒侵入肺部，初期就会出现疑似感冒的症状。又因为脾与肌肉和四肢是相连的，所以麻毒一旦侵入脾，麻疹就会在四肢和全身出现。等到体内的热毒消失之后，身上的皮疹也就会自然消失，如果患者在出疹期正气虚亏，导致邪火不能外泄就会引发并发症。例如，如果麻毒内归至肺部，闭阻肺络，则会引发小儿肺炎；如果麻毒内炽，上攻咽喉，可能会引发患儿喉痹；如果麻毒逆传心肝，容易使孩子神志昏迷，惊厥谵妄；如果麻毒内灼阳明，循经上炎，则会引发小儿口疮；如果麻毒移于大肠，会使孩子腹泻不止；如果热传营血，迫血妄行，则引起鼻窍出血，出现流鼻血等并发症。

## 日常护理：

由于麻疹会出现各种并发症，因此就需要患儿家长的精心护理，保证患儿的及时治疗。护理是防止并发症的重要措施，护理主要是保护好患儿的呼吸道，心血管和神经系统等。具体的护理要点包括：

1. 在最佳时间内及时为孩子种植疫苗，一般是出生后 8 个月。

2. 阳光和流动空气是麻疹病毒的致命武器，因此要经常通风，接受阳光将病毒杀死。但是还不能直接接触阳光和风，这就需要小技巧了，可以用深色窗帘，或者在地面上撒一些水。

3. 患儿发烧时，会消耗大量的能量，食物是能量的后盾，这时我们就要让宝宝多吃食物，多次进食。最重要的是水，不能让孩子脱水，要多喂开水。

4. 为了避免皮疹发散不充分，当孩子发热时，就不能降温降得过猛，要通过缓和药物缓缓降热，可以给孩子敷毛巾，但是不能用酒精、冰袋快速降热。

5. 让孩子重复用盐水漱口，使口腔保持清洁干爽。

## 02 为什么小儿会患水痘

水痘是一种由麻疹病毒引起的传染病。疱疹病毒的种类各式各样，但是它们有着潜伏性这个唯一的相同之处。它们可能会在身体中再次被激活，当我们的身体虚弱，抵抗能力变差时，被激活的水痘病毒就会变得活跃，从而引发带状疱疹这种疾病。

### 典型病症：

出水痘时，有的孩子会发烧，比较严重。有的孩子只是气色不好，这个要因人而异。最开始的时候，水痘只是小红点，在短暂的几小时内，他们就会演变成水疱。生长范围也开始扩大，由面部和躯干部扩展到其他位置。随着数量的增加，它们有可能会连到一起。其中最要命的就是头皮、咽喉、嘴和外阴部位，会特别疼痛。

### 致病成因：

飞沫和与病人的接触就会使水痘病毒进行传播。出现水痘症状的一般为小孩子，但是如果水痘出现在青少年和成人身上，程度就会迥然不同，病情会很严重。从孩子出痘的前两天到所有水痘全部出完结痂，都是具有传染性的，这个周期一般为一个月左右。

📋 真实案例：

　　小伟由于吃了患有水痘的妈妈的乳汁，就开始出了水痘。他的症状很轻，不疼也不痒，就连体温也很正常，但是妈妈还是很担心，就去带他看爷爷。

　　爷爷为小伟做了详细的检查，断定由于小伟发痘缓慢，病情轻微。爷爷就嘱咐了妈妈几种克服水痘的方法。首先小伟只能待在家休息，直到全部水痘结痂。同时要加强营养，当然开水是必不可少的饮品。其次是一定要随时注意小伟，千万不要让他用手抓疱疹，尤其是脸上的，否则感染后会留下永远的疤痕。为了防止这一惨剧的发生，妈妈可以剪短小伟的指甲，同时要不时地给小伟擦手，以保持手部的清洁。还有一种比较复杂的方法，就是为小伟缝制一双毛边朝外的手套，包住小伟的手。但是要注意千万不能包边朝里，意味着有可能缠住宝宝的手，使宝宝血流不畅。如果不幸的是疱疹破了，那就需要给宝宝涂紫药水或抗生素软膏，与此同时，多多晾晒宝宝的被褥及其衣服，还要给宝宝穿干净宽松的衣服。此外还不要让宝宝的身体过热，因为热了之后会引起水痘发痒。

　　在爷爷的嘱托下，小伟的妈妈对小伟进行了一个星期的精心护理。8天后，小伟又开始活蹦乱跳了。

⚛ 治疗方法：

　　出水痘的孩子，一般在家中护理即可，严重的情况要看医生。

　　为了防止感染，要把宝宝的指甲剪短，防止宝宝在水痘发痒时，抓破水痘发生感染。留下永久的疤痕，还要保持手部清洁，也可以为宝宝缝制一双手套。

疱疹发痒也不是不能克服的，爷爷建议用药水来克服。我们可以在瘙痒处涂抹酒精，炉甘石洗剂，碳酸氢钠液来止痒。疱疹破了也能涂药，可以涂龙胆紫，白降汞软膏。

各位家长要注意，还要随时观察孩子的并发症。不仅要在出痘时观察，还要在宝宝康复两周期间密切观察。其并发症有以下几种，败血症主要表现为高热，呕吐，烦躁不安，嗜睡；脑炎主要表现为抽风，昏迷，站立不稳，肢体瘫痪。另外还有肺炎，蜂窝组织炎。

发痘期间，孩子要多休息。此外，还要注意加强孩子的营养。主要是通过饮食来体现。饮食要均衡。不要让孩子积食，多吃易消化的食物，辛辣与海鲜不能食用。如果宝宝出了口腔疹，父母可喂食酸奶等流质食物。开水是必不可少的，既能补充能量，又能杀菌。病情好转后，可吃面片汤、挂面、小米粥、鸡蛋糕等。

舒适环境很重要，要勤洗手，多通风。温度适宜，防感冒。要经常给宝宝换衣服，被褥也要晾晒，杀死细菌。此外，还要保持皮肤的清洁。

### 中医辩证：

中医认为，水痘的发病主要是由于外感时邪病毒，内因湿热蕴郁，留于脾肺二经，邪从气泄，发于肌表所致。所以，水痘患儿应该多吃具有疏风，散热，解毒的新鲜瓜果和蔬菜，食物也要清淡些，不要过于油腻。

### 日常护理：

1. 生水痘，多喝水，穿棉衣。营养食品要多吃。但要注意是容易消化的哦。
2. 炉甘石要涂抹，减痛痒；小苏打要融水，及时擦，及时洗。
3. 指甲要剪短，免抓痒，成疤痕，若瘙痒，就用抗组胺糖浆。
4. 水痘疫苗及时接种很重要。

**03 小儿流行性腮腺炎的致病成因**

　　小儿腮腺炎好发人群多为儿童，主要在校园内流行，是一种急性呼吸道传染性疾病，主要由腮腺炎病毒引起。临床的主要表现为唾液腺急性非化脓性肿胀，同时也可引起睾丸炎、胰腺炎及脑膜炎等并发症。截至目前，没有特殊的治疗方法，无特效药，通常主要是对症治疗。

🏷 典型病症：

　　1. 潜伏期可持续 14~21 天，平均为 18 天。

　　2. 前期持续时间短，通常表现为感冒的症状，持续数小时至 1~2 天。大多数的患者体温正常，少数出现脑膜炎、脑膜刺激症。

　　3. 腮腺肿期，有的无肿大现象；有的一边肿大；有的两边都肿大，一侧先肿大，另一侧随后。患者会出现以耳垂为中心，向前、后、左、右发展，轻触有疼痛感，有弹性的现象。肿胀的范围为：上至颧骨弓、下至下颌，达到颈部、后至胸锁乳突肌。在第 3~5 天达高峰期，后肿胀变小，一周左右消退，有的两周。有的患者舌下腺和颌下腺都肿大，常见的为后者，有的患者腮腺并不肿大只是颌下腺肿大。极少的患者仅有并发症或者病毒血症的表现，并不出现肿胀的现象。红肿的部位是腮腺管口。发热只是腮肿的一种症状，但与肿胀程度没有关系。少数患儿会持续 2 周左右，一般在 1~2 天内。中等热最常见，低热或高热少见，大概有 20% 的体温正常。

## 致病成因：

本病在肿胀前 7 天至肿胀后 9 天内有传染性，主要的传染源为病人及隐性感染者。在国外调查中，30%~50% 的患者由隐性感染。主要以唾液飞沫传播。通常，感染一次就能获得终身免疫，人类对腮腺炎病毒具有普遍的易感性。二次感染的，可能是由其他病毒感染或是免疫缺陷者传染的。

流行性腮腺炎病毒属副粘病毒，系 RNA 病毒，直径在 90~135nm 左右。该病毒具有 S 抗原（可溶性抗原）和 V 抗原（病毒抗原），感染一周后，S 抗体在体内出现，在 2 周内达高峰，持续存在 6~12 个月。而 V 抗体，一般在发病后 2~3 周出现，高峰时为 4~5 周，持续存在 2 年，S 抗体不具有免疫保护，而 V 抗体具有。

## 真实案例：

某天晚上，李先生想要请爷爷看个急诊，便敲开了爷爷家的门。李先生说，5 岁的女儿薇薇回家后，吃完饭，肚子疼，头疼，脸也肿了，吃的东西全吐出来了，还发烧。爷爷对薇薇进行了一番检查，确诊为患了小儿腮腺炎。李先生听后神情紧张，爷爷便安慰说，不必紧张，治疗该病主要是进行抗病毒和对症治疗，用腮腺消毒喷雾疗法，直接喷在发炎部位，药效就可以深入病灶内，它是一种自限性疾病。但需要注意的是，在发病期间，应该给予孩子充足的营养，提高抵抗力，避免并发症的发生。爷爷告诉李先生在薇薇发病期间，应给孩子多喝温开水和淡盐水，保证充足水分促进消炎；尽量吃流食或者半流食；禁止吃酸性食物及饮料，否则会加重腮腺炎患者的疼痛感。最好吃一些清热解毒的食物，避免吃难嚼碎的食物、发物和刺激性的食物。

## ✸ 治疗方法：

小儿腮腺炎通常采用对症治疗，无特殊药物。

在患病期间，应该在床上休息。高热患者，最好用对乙酰氨基酚或肠溶性阿司匹林进行降温，减少酸性刺激。最好用复方硼酸溶液漱口。中医上，板蓝根作为单味药，普济消毒饮作为内服药。紫金锭或者如意黄金散，用醋调和后用于局部外敷，此方法是否有效，需进一步证明。临床上通常用干扰素治疗，透热、红外线灯理疗用于局部治疗。

睾丸炎出现时，最好进行局部冷敷，并用丁字带或棉签把睾丸托起。病情严重者静脉注射氢化可的松 5mg/kg·d。

胰腺炎出现时，静点抗生素，禁食。脑膜炎者，用对症疗法，如颅内压升高，首选脱水疗法。

## ♁ 中医辩证：

冬春季为腮腺炎的好发季节，在校园内盛行，成人和两岁以下的感染几率小，中医上叫"痄腮"，西医上叫流行性腮腺炎。在中医方面，该病属温病，一旦辩证正确，治疗及时，预后可观。

风热外感型和热毒炽盛型是临床上的两个常见症型。前者会出现感冒的症状，但伴随着腮部肿痛，进食或咀嚼困难，舌苔黄而薄，舌体红，脉跳动快。一般采用清热解毒法，消肿祛痛。后者主要为腮部胀痛严重，进食吞咽咀嚼倍感困难，剧烈疼痛，咽喉部红肿，大便干燥、不通，小便量少又深，舌体红，舌苔黄而厚，脉跳动较快。也应采用清热解毒法。

日常护理：

1. 进行隔离　患儿要与健康的儿童隔离开来，避免造成传染。通常，完全康复才停止隔离。患儿的餐具、毛巾应经常消毒，用煮沸消毒法，应经常开窗通风，保证空气新鲜。

2. 卧床休息　出现高热的患儿应该躺在床上休息，减少体力消耗；轻症的患儿应该更加重视做好隔离保护措施，避免严重。保证患儿休息，严禁并发症的发生。

3. 合理饮食　给患儿吃营养丰富的流食或半流食，禁酸、辣、甜和过硬食物。还要为患儿提高充足的水分，促进退烧和毒素的排出。

4. 进行发热及腮肿局部的护理　39℃以上的患儿应以酒精擦浴或温水擦浴或头部冷敷的方法进行降温；还使用退烧药。腮肿早期可采用局部冷敷法，减少疼痛，减轻充血症状。

5. 注意口腔护理　为避免细菌感染，饭后和睡觉前要用淡盐水漱口或刷牙。

6. 流行期间多加预防　健康儿童不要与患儿接触，一旦接触应进行21天的检疫，密切观察无任何症状才可以。

## 04 小儿痢疾，其实是一种细菌性感染

菌痢是小儿细菌性痢疾 (bacillary dysentery) 的简称，痢疾杆菌 (dysenteriae) 也称作肠杆菌科志贺菌属 (shigella)，是其病原菌。该病是一种传染病，主要以小儿的肠道传染为主，其主要临床表现为：发烧、肚子疼、腹泻、便中带血、里急后重。其中最重要的临床类型为中毒性菌痢，主要表现为：频繁惊厥、休克、呼吸衰竭，特别容易发生死亡。

### 典型病症：

1. 潜伏期　大多数为 1~3 天，少数人少则数小时多则 8 天。

2. 细菌性痢疾的临床分型　急性菌痢、慢性菌痢和中毒型菌痢是根据病程及病情划分的。下面简单介绍一下急性菌痢和慢性菌痢的一般病程。

(1) 急性细菌性痢疾：发病比较急，体温多为高热或低热状态，大便带血或黏液，次数频繁，每天 10~30 次。腹部轻轻压之就有疼痛感，时常伴有恶心、呕吐的症状。偶尔会触及乙状结肠，呈痉挛状。肠鸣音亢进。大便过后，下坠感加重。患儿食欲不振，全身无力。婴幼儿时常因为高热而出现惊厥现象。大多数的患儿，配合治疗，治疗方法得当会在短时间内康复。年龄大些的儿童，大便逐渐变得正常，而婴幼儿的肠道发展还不完全，恢复起来比较慢，持续数天稀便，才能慢

慢恢复。

（2）慢性细菌性痢疾：依据病程的长短分为慢性菌痢和迁延性菌痢，前者病程超过2个月，后者病程超过2周。是因为营养不良、佝偻病、贫血或身体瘦弱等合并症导致的。此病时间长，患儿逐渐消瘦，进而使便中含大量黏液而不是脓血，有时脓血便和黏液便互相交错着出现。此时进行化验仍可培养出痢疾杆菌，但是急性痢疾的阳性率明显高。有严重的营养不良的慢性痢疾患儿，往往容易出现危险的迹象。

### 致病成因：

痢疾杆菌属肠杆菌科志贺菌属是该病的致病病原。该杆菌为需氧、无鞭毛、无荚膜、不能运动、不形成芽孢的革兰阴性杆菌。长度为1~3um；它对温度极其敏感，在60℃下存活10分钟，100℃下立即被杀死，然而温度潮湿又低的环境中，可存活几个月，在阳光照射下存活半小时，在水中存活5~9天，食物中达10天。在污染的瓜果、食品和蔬菜中可生存1~2周。如果要将其杀灭可用过氧乙酸、漂白粉、石灰乳、来苏水和新吉尔灭（苯扎溴铵）。在37%培养基上长势旺盛。如果想要获得纯培养可采用伊红亚甲蓝培养基和去氧胆酸盐SS培养基。如果想要较高的阳性率可用木糖赖氨酸去氧胆酸盐琼脂培养基。

### 真实案例：

年仅6岁的小东是敏感体质，平常吃感冒药都会过敏，这次却患上了痢疾，父母不敢带他去看西医，便找到了爷爷。

爸妈说，原以为小东是因为吃错了东西而导致的普通腹泻，就叫小东吃了些抗生素药，喝了点小米粥。可是小东不但不见好，反而越来越严重了，还发起了烧，爸爸怕引起传染病什么的，便找到了爷爷来看看究竟是怎么回事。

爷爷为小东把脉确诊，最后确诊为了痢疾。爷爷说道，痢疾起病比较急，并且强度要大于胃炎，所以才会出现突然发烧和腹痛的症状，它是肠道传染病的一种。爷爷快速地跑进了厨房，为小东做了一碗黑木耳水，并且让小东全部喝完，再休息一会儿。小东喝完黑木耳水后，一会儿病情就有所好转，烧也跟着退了下来。在小东小睡的时候，爷爷还为小东妈妈介绍了好几款药膳，并叮嘱小东妈妈为小东做。爷爷还说，建议小东不要急着去上学，在家应该好好休息，还应该把小东的被褥进行换洗，其原因是该病多由病毒传染。

小东的父母按照爷爷的要求，给小东做了黑木耳水，还给小东做了好多汤膳。3天后，小东的病情明显好转了，人也精神了，腹泻和发热症状也消失了。

## ✿ 治疗方法：

1. 抗生素疗法通常用治疗急性菌痢的药物和药量，但是用药时间长。可采取连续用药7~10天，随后停止用药4天，再持续用药4天，停止4天，再用4天，总疗程达到3~4周的间歇治疗方法。还可以用大蒜或者黄连素进行肠道给药。但是长时间使用抗生素会导致肠道菌群失调。应控制好药物的使用剂量，脓血便消失、大便培养转阴，改用中药、维生素、微生态制剂和思密达等药物。

2. 饮食疗法：给予患者营养丰富的食物，改善营养状态。

## ✿ 中医辩证：

古代的时候，痢疾被称为肠辟、滞下。是急性传染病的一种。临床表现为发烧、肚子疼、大便带血。疫毒痢发病急，常伴高烧，神志不清、晕厥现象，是由疫毒感染的。早期感染的痢疾，起初只是肚子疼，随后出现拉痢，次数频繁。夏季和秋季为多发季节，其原因是胃失消导，更挟积滞，内伤脾胃，湿热之邪，酝酿肠道，致脾失健运。

## 日常护理

爷爷说，痢疾与个人的生活讲究和卫生习惯有关系，多是由细菌感染引起的。所以，我们一定要养成良好的生活习惯，保护环境卫生，定期对厕所进行清洁，高发时期要用消毒水进行消毒，避免细菌滋生。

饮食方面应该多吃去油脂的肉泥汤或者肝泥汤，还有菜汁、黑木耳、薏仁、萝卜蛋羹、藕粉、莲子、淡茶水、淡果汁等。少吃或者不吃容易增加脾胃负担的食物，如韭菜、粗粮、马铃薯、牛奶、番薯等刺激性强的食物及油炸食品。

## 05 如何预防小·儿猩红热

猩红热是一种急性呼吸道传染病，是由化脓链球菌（也称为A组β型溶血性链球菌）感染引起的。主要以发烧、全身弥漫性鲜红色皮疹和疹退后明显脱屑、咽峡炎为主要特征。少数患儿会出现变态反应性心、肾、关节的损害的症状。

### 典型病症：

化脓链球菌被患者感染后，病原体首先侵入人体咽部，导致化脓性病变，随后产生毒素进入人体血液，导致毒血症，进而使皮肤发生病变，甚至会出现炎症病变在心肌、淋巴结、肝、脾、肾部位。全身弥漫性鲜红色皮疹、咽峡炎、高热是典型的临床表现。

此病症在流行期间比较常见，主要临床表现是：

1.发热：体温最高在39℃左右，一般呈持续性，同时伴有全身不适、头疼等症状，这是一种中毒的表现；

2.咽峡炎：可表现为颈淋巴结和下颌的化脓性炎症改变，咽部肿痛、吞咽疼，局部有脓性渗出液同时有充血的症状；

3.皮疹：猩红热最显著的症状是皮疹。典型皮疹有痒感，针尖大小，是均匀分布的弥漫充血性丘疹，用手按压颜色减退。

猩红热的传染源主要是带菌者和患者，传播途径主要为细菌由飞沫经过呼吸道进行传播，也可通过产道或皮肤伤口传播。人员比较集中的地方容易发生感染，但是感染的人可产生抗毒免疫和抗菌免疫。本病冬、春季节常见，少数发生在夏、秋季节。主要发病年龄段为 5~15 岁的儿童。

3 岁的小达乐，出现了头疼、畏寒、高烧的症状，体温达 38.3℃。同时伴随着咳嗽流涕、咽疼、咽部红肿等症状。爷爷对小达乐进行了详细的检查，发现小达乐是典型的草莓舌，主要表现为舌苔发红，舌乳头隆起红肿，确诊了猩红热。爷爷对小达乐进行了紧急治疗，主要用药为炎虎宁和青霉素。爷爷叮嘱小达乐的爸爸妈妈，尽量限制小达乐活动，卧床休息最佳，并采取隔离措施，避免其他传染或者传染给他人。为了防止继发感染，应该给予充足的营养和水分，保持皮肤清洁。含丰富的维生素和营养的流质或半流质食物为最佳饮食。当丘疹出现时，应该多喝水。可用青霉素软膏涂抹嘴唇和鼻腔，或者用淡盐水进行漱口，来保持口腔和鼻腔的清洁。

还应该注意小达乐的病情变化。如果出现以下症状应该及时就诊：尿液似洗肉水色或者酱油色，量少，面部及四肢出现水肿，出现关节红肿痛症状。

小达乐的爸爸妈妈谨遵医嘱，特别注意抗菌消毒和防护隔离的护理，30 天之后，经爷爷的检查，确定小达乐康复。

## 🔬 治疗方法：

1.应该进食高热量、高蛋白质、清淡的流食。有咽炎的患者应该吃软食或者软流食，以减少吃饭时的疼痛。高蛋白质的食物有豆浆、蛋花汤、牛奶、鸡蛋羹等。高热量的食物有莲子粥、麦乳精、杏仁茶、藕粉等。

2.含高蛋白质、高热量的半流质食物可在恢复期食用，这类食物有菜粥、肉泥、虾泥、鸡泥、肝泥等。细、烂、软、少纤维的食物适合于皮肤有痘疹类的患儿，同时还可以添加一些维生素 $B_{12}$ 含量很高的豆制品和肝类，促进痘疹的恢复。

## 👤 中医辩证：

在中医方面，本病属"温病"。又称为"烂喉丹痧"或者"烂喉痧"，主要是因为该病急躁，一旦出现发热症状，便会喉部溃烂。

1.邪侵肺卫证，当出现畏寒发热，咽喉红肿疼痛，皮丘隐约可见，舌尖红润，舌苔薄而白，脉搏跳动快的症状的时候，辛凉宜透，清热利咽为最适宜的调理方法。

2.毒在气营证，当出现高热，烦躁不安，口渴难忍，咽部红肿疼痛甚至溃烂，大片的皮疹，猩红好似丹。或者出现抽风状，皮疹有斑点或者颜色发紫，舌绛起刺、苔剥，脉搏跳动有力等病症。通常采用泻火解毒和清气凉营的治疗方法。

3.疹后阴伤证，当出现身体的热度逐渐消退，皮疹逐渐消失，出现脱皮现象，咽部溃烂减轻，疼痛感减少，舌体红润，脉搏跳动快速等症状时，主要治疗方法为清热润喉，养阴生津。

日常生活中，如果家里有儿童患猩红热，一定要做好消毒隔离工作。玩具和餐具要定期进行清洗消毒，保证空气流通顺畅。对于咽部疼痛的患者，可使用凉雾加湿器，保证空气中的水分充足，或者用生理盐水漱口。采用湿毛巾冷敷法来缓解腺体的肿胀程度。皮疹出现瘙痒状态时，应该注意孩子的指甲，避免感染和抓伤。高热患者可采取物理降温或者药物降温的方法。

## 06 小儿中耳炎的危害

中耳炎出现最多的症状是耳鸣、耳内感觉闷胀或堵塞以及听力减退。通常在感冒后患病，或毫无察觉中发生。有时改变头位会觉得听力好转或自听增强。一些病人有轻微耳痛症状。儿童一般表现为注意力分散或听话不敏捷。

### 典型病症：

1. 有未伴随感冒症状的发烧

假如孩子发烧，可又不像是感冒，家长要注意孩子是否得了中耳炎。

2. 哭闹，无食欲、不肯睡觉

耳朵的结构很特别，里边是骨头，外边由一层皮肤包裹，两者间没有别的肌肉组织可以进行缓冲。故一旦患上中耳炎，就疼痛不已。婴儿不会说话，但只要嘴巴活动，不论是吮吸还是吞咽，都会使感染部位受到压迫而疼痛。所以，在吃东西时婴儿也许会哭闹，焦躁烦闷，也许会不想睡觉。

3. 反应不敏捷

分泌性中耳炎没有脓液流出，大量脓液滞留在中耳部位，也许导致宝宝有暂时性的听力障碍，从而影响孩子反应的敏捷度。

4. 耳朵里有白色、黄色或者含有血色的液体流出

假如孩子耳朵里有白、黄或血色的液体淌出来，那么这个宝宝一

定得了中耳炎，淌出的脓液表明本来滞留在中耳的液体已经把耳鼓冲破了。

## 致病成因：

正常情况下人的鼻咽部通向耳朵，鼻咽与中耳之间由咽鼓管相连，婴幼儿的咽鼓管短而宽，并呈水平位置，只要上呼吸道被感染，病原体极易从咽鼓管进入中耳导致急性炎症。婴儿喂奶不当发生呛咳后，奶汁也容易经由咽鼓管流入中耳，造成中耳炎。总是给孩子掏耳朵，稍有不慎就会戳破鼓膜，引起中耳炎，所以不要总给小孩子挖耳垢。因为败血症引起的中耳炎不多见，金黄色葡萄球菌、肺炎双球菌和乙型溶血性链球菌等是常见的致病菌。

## 真实案例：

张女士抱着刚刚1岁的儿子在医院大堂走来走去，因候诊的人多的不得了，张女士看着儿子的耳炎非常着急，手足无措。猛地想起以前上班时，曾有同事请爷爷治疗失眠症，所以张女士想方设法找爷爷的联系方式，费了九牛二虎之力才找到了爷爷的电话，立即联络爷爷请他出诊。

爷爷一来张女士就竹筒倒豆子似的反映孩子的情况，她说，起初宝宝的耳朵只是有些发红发烫，不过最近两天开始有脓水淌出来，她给孩子涂了消炎的药膏，用过没有什么好转，就停用了，担心药膏的药效会影响到宝宝的耳朵和神经。爷爷先让张女士冷静下来，自己则抱着张女士的儿子，为他做了检查，确诊是患了脓化性中耳炎，要进行外治内调。张女士听后焦急万分，立即向爷爷请教。爷爷问张女士家里有没有鸡蛋，接着让张女士准备铁勺子、鸡蛋、筷子和蜡烛，亲自教导她怎么做蛋黄油，又给她示范究竟怎样把蛋黄油滴入孩子耳朵，忙了大概有半个小时。孩子的耳朵滴了蛋黄油后十几分钟左右，脓水就不怎么往外面流了。

爷爷嘱咐张女士根据她说的顺序，每天早中晚给孩子滴 3 次蛋黄油，中耳炎就会治愈。张女士按爷爷的话按部就班进行，有忘记的地方马上向爷爷求教，过了一个星期，儿子的中耳炎奇迹般痊愈了。

## 治疗方法：

民间治疗中耳炎的偏方很多，例如滴某些药末儿或韭菜汁，可是因为中耳炎通常在小儿身上发生，小儿器官娇嫩，五脏六腑没有发育好，所以，爷爷忠告家长用食用蛋黄油来调理小儿中耳炎。蛋黄油性质温和刺激性小，也没有什么副作用，对小儿的身体机能一般不会产生不良影响。爷爷建议家长，给小儿洗头时要戴耳塞保护耳朵，防止脏水流进孩子耳内，导致感染。当小儿感冒、鼻子过敏或伤风时，要防止孩子用很大力乱揉鼻子。

## 中医辩证：

中耳炎分为脓化和非脓化中耳炎，以化脓性中耳炎比较常见，并且发病迅速，通常婴幼儿易患病，所以较受重视。中医上中耳炎属于"耳湿、耳疳"的治疗范畴，中医认为中耳炎是耳科常见病，主要症状是耳内流脓，不易清理，经常反复发作，病程缠绵，久治难愈。

## 日常护理：

1. 保证休息：睡眠时间充足，睡眠质量要高，坚持体育锻炼，提高身体免疫力。

2. 预防感冒：预防感冒是防止中耳炎的前提，如不小心感冒要马上诊治。感冒时鼻腔里的鼻涕增多，不能用力捏住鼻孔擤鼻涕，防止鼻子和咽部的压力增大，使鼻涕和细菌经由耳咽管进入中耳，导致中耳炎。

3. 游泳时保持耳部干净和干燥：在干净的游泳池或水域游泳，若耳朵里不小心进了水，要马上吹干，把外耳向上向外拉，让耳道伸直。吹风机离耳朵5~10厘米远，吹向耳内。用暖风或冷风吹30秒。这样耳内环境干燥，霉菌等细菌无法生存。

4. 鼻腔、鼻咽部疾病的处理及时得当：要尽早治疗小儿肥大的增殖体。患有麻疹等急性传染病时，要保持口腔、鼻腔的洁净，预防中耳炎。

5. 饮食要清淡易消化、营养均衡：禁止吃酒、葱、蒜等辛辣刺激性食物，多食用水果和新鲜蔬菜，防止热毒内攻。也可常吃一些清火败毒的食物，如绿豆汤、金银花露等。

6. 给宝宝洗头、洗澡时，小心不要让脏水流入耳朵。

7. 给宝宝喂奶时不要太急，奶嘴的孔要适中，防止宝宝来不及吞咽导致呛咳，使乳汁经由咽鼓管上行发生中耳感染。

8. 给宝宝掏耳朵时，小心轻柔，避免破坏耳内的皮肤黏膜导致感染。

9. 宝宝感冒时，注意观察他的耳部有没有异常，对患过中耳炎的儿童应特别注意。

**07** 小儿鼻窦炎的
常见原因

　　鼻窦炎常发病于春季和秋季。如感冒持续一个星期，脓涕越来越多，还有症状越来越重的人，可能患了鼻窦炎。爷爷的患者中有个9岁的小儿，患鼻窦炎大半年了，浓鼻涕不断，还常常不知不觉地干咳。爷爷注意到小患者脸色发黄、身体瘦弱，显然滥用了抗生素。问诊得知他不光患有鼻窦炎，而且常食积、食欲差。故爷爷建议家长：要想鼻窦炎治愈，一定要同步调理好孩子的脾胃功能。

🏷 典型病症：

　　1. 急性鼻窦炎：早期症状类似于感冒，不过全身症状比成人明显。除脓涕多、鼻塞外，还出现发烧、拒食、呼吸急促、脱水、精神萎靡或烦躁不安、甚至抽搐等情形。并伴有哮喘、咽痛的症状；还可能有急性中耳炎、鼻出血等并发症；大一些的孩子也许以头痛或单侧面颊疼痛为主要症状。

　　2. 慢性鼻窦炎：主要症状是经常性或间歇性鼻塞，黏浓性或黏液性鼻涕，鼻子常常出血，重症表现是精神萎靡、低热、胃纳不良、体重减轻、严重者可继发贫血、关节痛、风湿、感冒、肾脏或胃肠疾病等全身性疾病。因为长时间鼻阻塞，用嘴呼吸，致使患儿胸部、颌面乃至智力发育不完全。

1.小儿鼻窦窦口较大，病菌易经窦口感染鼻窦。

2.自身抵抗力不佳，容易得上呼吸道感染和荨麻疹、百日咳、猩红热和流行性感冒等急性传染病。

3.腺样体肥大扁或桃体肿大导致呼吸不顺畅。

4.特应性体质或先天性免疫机能不全。

5.在污水中游泳或跳水。

6.鼻腔异物、鼻外伤引起继发感染。

7.鼻窦功能还不成熟：年纪越小，越容易患上鼻窦炎；通常来讲，七岁以上的孩子免疫力和鼻窦功能趋向成熟，患鼻窦炎可能性也逐渐减少。

8.小儿的过敏性鼻炎大多来自遗传，所以很多人从小就患有过敏性鼻炎。统计显示，父母双方都患有过敏性鼻炎的，超过80%的孩子被遗传，父母一方有过敏性鼻炎的，遗传给孩子的概率是50%，约有50%患过敏性鼻炎的孩子会并发鼻窦炎。

真实案例：

5岁的月月总是鼻涕不断，妈妈给她吃了伤风药和感冒药，也一直没什么效果，于是来找爷爷诊治。由于患者多，她们等在一边。后来月月鼻涕阻塞，一时着急就在洗手池内擤鼻涕。爷爷看到说，月月这样擤鼻涕不对。鼻子的特点是窦口小，鼻窦黏膜和鼻腔相连，每一个窦口紧挨着，月月用两只手挟着鼻子擤，使气体回流，把脏东西送进鼻窦，可是窦口小很难把脏东西排出去，感染了鼻窦黏膜。接着爷爷为月月做了检查，确诊她是患了鼻窦炎而非感冒，而且这和月月长期错误的擤鼻涕方法有直接的关系。

鼻窦构造不方便炎性物质引流，每个鼻窦之间相互感染导致反复发病。爷爷建议月月的妈妈，孩子的鼻窦炎要持续治疗，外用药清洁消炎；内服中药活血化瘀，补气养血，把病变黏膜组织逆转为正常的黏膜组织来保护鼻窦。同时运用正确的擤鼻涕方法，用手指压住一边的鼻孔，擤另一边，然后调换位置，交替擤鼻涕，确保鼻腔、鼻窦的引流顺通。

月月妈遵照爷爷的医嘱，给月月外用鼻炎专用喷雾进行消炎，鼻涕流得少了；内服温补调气的汤膳调理，提高机体功能，同时注意教导孩子正确的擤鼻子方法。过了两个月，月月鼻窦炎痊愈了，不再总是挂着鼻涕了。

## 治疗方法：

### 1.急性儿童鼻窦炎小儿鼻窦炎

(1) 按时得当的使用抗生素，鼻字局部使用鼻黏膜收缩剂（禁用鼻眼净），保证空气流通。

(2) 兼用中药清热解毒。

### 2.慢性儿童鼻窦炎小儿鼻窦炎

(1) 重点要提高自身整体抵抗力，用正气中药，避免反复患病。

(2) 用养阴化痰，清热排毒的中药。

(3) 用健脾胃的中药，增加食欲。

## 中医辩证：

中医观点是"胃喜温恶寒"，可是大多数孩子爱吃冷饮和一些凉的东西，抑制了还没有发育完整的消化功能，从而引起食积。而"食积易致外感"，意思是食积会让体内蓄热，因此导致感冒、发烧等，进一步引发鼻炎、鼻窦炎。脾胃功能不佳的儿童经常反复食积，也会引起反复"外感"，这就是此年幼患者鼻窦炎长时间反复发作的关键所在。

故针对此类久治不愈的鼻窦炎患儿，不要只是治疗鼻窦炎，还要全面调理消化功能、免疫功能。任教授说，可依照患儿的具体情况辩证治疗，选用党参、黄芪等补气的草药或补中益气丸、玉屏风功等成药，也可用健脾利湿的药物如苍术、菖蒲、茯苓、白术。若食积较重的应加入适量鸡内金、焦三仙等，有浓涕时添加鱼腥草。

日常护理：

**重点要增强自身抗病能力。**

1. 感冒，扁桃体炎等疾病要及时治愈。

2. 增加营养和增强身体素质。

3. 用正确的方法擤鼻涕。**鼻塞鼻涕有很多的，应该先按住一边鼻孔，稍微用点力外**擤。然后换另一边再擤。

4. 采用恰当的姿势游泳，头部尽量完全露出水面。

5. 牙病的患者，要尽早完全治愈。

6. 鼻窦炎急性发作时，要充分休息。**卧室光线需明亮，空气通风良好。不过，不要**让阳光直射及直接吹风。

7. 用药及时，遵照医嘱。

8. 慢性鼻窦炎患者，充满自信并持之以恒的接受治疗，多锻炼以强身健体。

9. 辛辣食品、烟、酒不允许食用。

10. 保持心情愉快，避免刺激，防止过度疲劳。

11. 多做鼻部按摩。

## 小儿湿疹后应
## 如何处理

中医把小儿湿疹叫作奶癣，也叫胎敛疮，一般因为体质过敏，受感于风湿，搏于气血产生，属于变态反应性皮肤病，也就是过敏性皮肤病。对吃的食物或者呼吸的东西无法接受或过敏是导致湿疹的关键因素。得了湿疹的小儿最初皮肤发红，长出皮疹、接着皮肤变粗糙、掉皮，皮肤的手感和抚摸砂纸的感觉相似。遇到潮湿或燥热湿疹尤为明显。一般发生在二月龄或三月龄的婴儿身上。脸上和皮肤皱褶中多见，也可能全身都长。通常孩子年龄越大湿疹越少，甚至痊愈。不过也有为数不多病例继续发展到儿童期乃至成人期。

### 典型病症：

皮损形态很多，通常对称分布，轻重不一。脸上的一般是成堆的红斑、丘疹；在头皮或眉中的，以黄色发亮的结痂和油腻性鳞屑较多。轻的，只有浅红的斑片，轻微掉皮；重的，呈红斑、糜烂、水疱状，连接成片，如果过度搔抓、洗烫、摩擦，那么渗出和糜烂严重，皮肤破损受感染会导致附近淋巴结肿大，同时会有发烧，便干溲赤，不想进食等综合症状。

患儿剧痒难忍，遇暖更痒，所以常用手去抓或把头、脸在枕上或妈妈衣服上摩擦，烦躁不安，哭闹，健康和睡眠受到影响。

1. 直接病因

过敏是引起湿疹最主要因素，故有过敏体质家族史的宝宝就容易发生湿疹。

2. 诱发因素

很多物质会诱发湿疹或加重病情，如食物中蛋白质，特别是蛋类、鱼、虾和牛奶，接触化学物、化纤物、毛制品、各种植物花粉、羽毛和动物皮革、感染、过冷过热、日光直射等都可能导致宝宝的湿疹病情加重或时好时坏。有种特殊的小儿湿疹，常在小儿的肛门周围出现，并伴有蛲虫感染，叫作蛲虫湿疹。

@ 真实案例:

乐乐 3 岁了，从他出生至今脸上的湿疹就反复发作，用过很多药膏偏方什么的效果都不理想。现在孩子脸上全是湿疹，到夜里就红肿起来，乐乐妈一筹莫展，就来到爷爷这里问诊。检查后爷爷建议乐乐妈，第一点，找找看是否有引起过敏的食物，尤其是母乳、牛奶或鸡蛋白等；第二点，不管哪种激素类药膏，妈妈都不能随便给宝宝用，因为此类药物大量外用时会被皮肤吸收，对孩子身体不利。

爷爷说，湿疹是过敏体质的儿童易患的皮肤病之一。所以，在日常生活中护理湿疹，家长要采用内调外治的方式。外涂用抗菌类的湿疹软膏，最好是选择激素含量少的，甚至不含激素的中成药。内服可用甘蔗水、荷叶粥、冬瓜汤等食材，当作孩子的主食，帮助孩子去燥清热除毒。并且，家长不要给孩子穿太多衣服，家里要保持干燥通风，避免让孩子处在潮湿、温热的环境中，防止婴幼儿湿疹病情加重。

乐乐的爸妈遵照爷爷的医嘱护理乐乐，3 个星期后，乐乐的湿疹痊愈了。

### ✦ 治疗方法：

湿疹用药参照湿疹的症状而定，若渗出多，红肿明显，就不能用油膏，可以用溶液冷湿敷；可以用泥膏、洗剂、油剂、乳剂等治疗丘疹、红斑；如果有水疱、糜烂的要用油剂；若果有鳞屑、结痂的用软膏。

治疗湿疹的药物繁杂，故用药需遵医嘱。把之前的药物彻底清除后再换新药。且更换药物时先小范围涂抹，观察效果，再决定使用与否，防止用药不当导致病情加重。

若小儿是轻度湿疹，局部用药即可，但不得滥用药物，防止损害皮肤或引起感染。

1.用清沥草煮水取汁擦洗发病处，一天3次，几天就会有效故。这种方法简单易操作，没有副作用，治疗小儿湿疹有特效。

2.晚饭后或睡前口服镇静剂或抗组织胺制剂，用来止痒和辅助抗过敏。

3.采用中医小儿推拿法，使小儿的过敏现象和刺激有所缓解，稳定小儿情绪。

### ✦ 中医辩证：

湿疹，也就是中医所说的"湿疮"、"湿疡"，在"侵淫疮"、"粟疮"、"血风疮"这一类疾病的范畴。中医认为有三个致病因，第一点是因为本身体质与别人不同，湿、风、热影响到肌肤所致；第二点是饮食没节制，辛辣、鱼腥的东西吃得太多，或者嗜酒伤及脾胃，脾失健运，湿热内生，又感风湿热邪，内外夹击，影响到肌肤而产生；第三点是身体素质差，脾为湿困，或湿热蕴久，耗伤阴血，血虚风燥，肌肤失养所导致。在临床上中医把湿疹分为湿热症和血虚风燥症。前一种湿疹患者最好不要喝咖啡、酒，不要吃油炸和辛辣刺激食品，饮食要清淡，少吃热性水果，防止病情加重。多吃绿豆、冬瓜一类的清热利湿食品。后者湿疹患者应防止肝火旺盛，饮食以清淡为主，芹菜、胡萝卜等要多吃。尤其要禁烟、酒，同时服用调理气血的药物，止痒润燥、修复皮损开展治疗。还要防止便秘，心态乐观，对过敏的患儿来说远离过敏源尤其重要。

## 日常护理：

1. 湿疹怕热，所以要少给孩子穿点衣服，避免病情加重。

2. 假如患儿的湿疹是全身性的，要吃点儿脱敏药物，不过得遵照爷爷的医嘱。

3. 疗效好的药膏基本都含激素，此类药物外用过量会被皮肤吸产生副作用，长久使用还会导致局部皮肤轻微萎缩或色素沉着，停药后，湿疹还会复发，假如患儿因此发热或湿疹化脓感染，要立即到医院诊治，不适合长时间大面积用药。

4. 别用含香料的肥皂或碱性肥皂清洗，清水就可以。除了婴儿专用的擦脸油，其他化妆品都禁用。

5. 给婴儿添加辅食，特别是动物蛋白类要特别注意，若湿疹病情加重就暂停添加。

6. 不要喂得太多，防止宝宝消化不良。

**09** 什么是小儿荨麻疹

荨麻疹又名"风疹块"，是一种常见于小儿的皮肤病。发作时皮肤上会出现形状大小不一的风疹团，摸之有痛痒感。风疹团内部血管细胞和组织液会渗透到血管外，导致轻轻划过皮肤就会有凸起的发红痕迹。小儿的风疹团发作没有规律，突然出现又突然消失，但较易复发。荨麻疹分急性和慢性两种。急性的属于暂时性过敏，谨遵医嘱几日内即可痊愈。慢性荨麻疹会反复发作数月乃至数年，同时会使人的体质更为敏感。

✪ 典型病症：

1.荨麻疹中属于急性荨麻疹的约有1/3，发病急，边界清晰，形态不一的风疹团突然发生为主要表象。急性荨麻疹的皮损不超过数小时即可自愈，但极易复发。发作部位不定，有瘙痒和灼热感，可能会导致水肿、恶心、腹泻等一系列症状。需要注意的是，喉头黏膜受荨麻疹影响可能会有胸闷、呼吸困难等症状。同时，当身体出现发热、寒颤等全身症状时应注意是否发生了诸如败血症的严重感染。

2.荨麻疹中慢性病例约占2/3，慢性风疹团反复发生，患者多次治疗均未能彻底治愈。发病无规律，症状轻，多数患者病因未知。

荨麻疹成人小儿均易发作，小儿因为免疫力较低，其荨麻疹发作原因与成人有所不同。其发作主要是食物导致的过敏所致，一些感染也可导致。具体包括:

1.鱼虾、奶蛋是小儿荨麻疹主要过敏源，再次有肉类和番茄、草莓之类的植物性食物。同时可消化分解出多肽类的腐败性食物可导致荨麻疹，因为碱性多肽可催化释放组织胺使机体更敏感。小儿消化功能较弱，蛋白类食物未能彻底消化被吸收，也会诱发荨麻疹。食物中的一些防腐剂、添加剂、色素也可称为小儿荨麻疹的诱因。

2.药物可分为形成抗原类和组胺释放剂。前者常见如磺胺、呋喃唑酮、青霉素等，后者包括哌替啶、多黏菌素、VB、肼苯达嗪等。

3.各种感染引发荨麻疹。常见的如金黄色葡萄球菌和病毒，以及传染性单核细胞增多症、柯萨奇病毒和肝炎；某些细菌导致的感染包括鼻窦炎、败血症、脓疱疮等；寄生虫如血吸虫、丝虫、阿米巴等导致的感染。这些感染均可诱发荨麻疹。

真实案例:

不久前，一位母亲带着5岁的孩子来到爷爷家求诊，妈妈说孩子这两天突然发烧、咳嗽，背上还起了红疹子。刚开始以为过敏没当回事，就随便吃了些脱敏药，却一直没见好转。爷爷诊查发现小男孩同时伴有舌红，苔薄黄，气促鼻煽，指纹青紫的症状，当下确诊是小儿荨麻疹诱发的肺炎。爷爷马上写下方子交给孩子母亲，提醒石膏打碎后务必煎15分钟，再加入浸泡好的药材用沸水煎5分钟，药成后分4次服用，一日一剂。7天后又来复诊，孩子的肺喘几近康复。

爷爷还告诉孩子母亲一种食物疗法。这个叫作"莲子冰糖羹"的药食不仅味道鲜美，更能帮助孩子恢复身体。具体配方如下：取百合、莲子各30克，冰糖15克。莲子去心后与二者用文火慢煮，莲子和百合煮烂之后即可食用。

7 天后，孩子母亲特意登门拜谢，她说这个方子的冰糖莲子羹，孩子很爱吃，现在身体也好多了。

## ✳ 治疗方法：

首先应该确定过敏源，因为过敏而忌口所怀疑的一切食物是因噎废食的不理智行为。如何确定食物过敏源呢？食物记录法是一种可行的常用鉴别方法。具体操作方法是把每月所食食物一一记入，同时记录下荨麻疹发病时间。注意寻找荨麻疹发生时所食食物种类，寻找之间关系，一般荨麻疹发作前 12~24 小时所吃食物应特别注意。这种方法操作简单，但得出结果相当准确。之后要针对过敏，强化治疗。

1. 祛除病灶；
2. 抗组胺药物；
3. 降血管通透性药物；
4. 局部洗剂止痒。

## ✳ 中医辩证：

中医称荨麻疹为"风疹"，正说明了荨麻疹的发作离不开风。风疹团在肌肤发作，行踪不定。风邪入体会导致风寒、风湿等。中医将其病因分为营卫不固、风木克土、血热内盛、风邪外袭、肝风暗伏及津气耗损、血虚受风等原因。

## 日常护理：

1. 避免孩子抓挠患处，可采用冷敷或者氧化锌洗剂清洗肌肤。
2. 保持营养均衡，少吃或不吃海鲜和辛辣食物，避免进食过多高蛋白。
3. 保持卫生。尤其注意家庭除螨和避免接触花粉类过敏源。
4. 根据天气变化，注意增减衣物。患儿应着宽松透气衣物，避免刺激。

## 10 小儿患上扁桃体炎该怎么办

扁桃体发炎分为急性和慢性两种，小儿易患急性扁桃体炎。扁桃体作为上呼吸道第一层免疫器官，能够帮助消灭进入呼吸道的致病菌。但小儿扁桃体的防御功能较弱，当扁桃体无法及时消灭致病菌或者致病菌毒性较强时，扁桃体可能就会发炎，并伴有红肿疼痛症状。一般来说，小儿扁桃体的抵抗力会随着年龄的增长不断增强。小儿在两岁左右就有可能患上扁桃体炎，4~6 岁是高发期，并伴有高烧不退等症状。

### 典型病症：

小儿扁桃体炎的症状明显，具体表现为：持续高烧，乏力寒战，头痛或全身痛，恶心呕吐等。通过咽部检查可发现扁桃体有脓。患儿常会说自己嗓子痛，让患儿张开嘴，压住舌头，我们会发现患儿咽部两侧扁桃体已红肿，严重的会导致患儿呼吸困难，危及生命。

### 致病成因：

缺乏锻炼、营养不良、消化不良、过敏体质导致的免疫力较低均会导致扁桃体炎。值得注意的是，后天获得性免疫功能低下或者后天获得性免疫功能低下更易罹患急性扁桃体炎。

小儿扁桃体炎的主要致病菌是乙型链球菌。其他的诸如葡萄球菌、肺炎双球菌、腺病毒等也可能引发此病。此外，细菌与病毒的混合感染也较常见。厌氧菌感染的病例近年屡屡发现，应引起注意。这些病原体在上呼吸道或者扁桃体内时不会有危险，当机体因为某些原因免疫力降低时，病原体便会趁机作恶，此时小儿很容易患上扁桃体炎。过度疲劳、受凉、吸入 CO 等有毒气体等均可诱发扁桃体炎。

### 真实案例：

有天晚上，爷爷的邻居刘老太朝孙子发火，爷爷过去看个究竟。原来刘老太是着急孙子一天不吃饭。爷爷看了一下刘老太的孙子，这小孩身子稍稍有些发热，不仔细观察是注意不到的。爷爷急忙对刘老太说孩子可能生病了。

小孩不到两岁，平常挺爱吃饭的，这两天不仅不爱吃饭，连水都不愿喝。刘老太说孩子这两天老爱哭、抠喉咙。爷爷叫过孩子扒开嘴巴一看，扁桃体通红。想必是小孩吱吱哇哇说不出嗓子疼，只能抠喉咙。爷爷说扁桃体发炎不是小事，当下写下鸭梨炖川贝的方子交给刘老太，为孙子食疗。

爷爷还说，小孩身体发热，爱抠喉咙是阴虚型扁桃体炎的典型症状。对症下药，小孩需要理气疏肝、滋阴补肾，这味鸭梨炖川贝正合适。刘老太家中恰巧备有这几味药材，当下做出鸭梨炖川贝。小孩尝了几口砸吧嘴，又一股脑的喝完了。刘老太这才松了一口气。

爷爷提醒刘老太孙子体质阴虚火旺，要注意多吃滋阴解毒的食物。刘老太按照方子为孩子做了好几天的鸭梨炖川贝，孩子扁桃体早已正常，比以往更爱吃饭了。

## 治疗方法：

儿童扁桃体炎的治疗要看发病程度。假如发病较轻，仅仅是嗓子痛，这种情况吃几天药就会好，还可以继续吃一段清理咽喉的药，争取彻底治愈咽炎、扁桃体炎。

导致儿童呼吸道感染性疾病的病原体有病毒、细菌、支原体、衣原体等多种种类。其中病毒占了较大比例。据统计，上感病人中，80%~90% 都是由病毒导致的。目前尚没有特效药物治疗病毒性感染。一些清热解毒的中药辅之以充足的水和睡眠被认为是有效的措施。

但目前很多家长对此不理解。他们认为孩子发高烧时一定要马上输液才有效。然而打吊瓶一般是打抗生素，抗生素对病毒感染几乎无效。相反，还可能会加重病情。

## 中医辩证：

按照中医的观点，扁桃体发炎可划分为实热和阴虚两种。小儿发高烧，口舌干燥，喜欢冷饮，咽喉肿痛，大便固结，小便赤黄属于实热性扁桃体发炎。这时需要利尿祛湿，清热解毒。小儿身体微热，喉咙发干，吞吐不畅则为阴虚型扁桃体发炎。这是需要针对性的固本培元，滋阴补肾。

鸭梨炖川贝有清热降火的功效，能够辅助治疗扁桃体发炎和眼部发干。另外，由于小儿扁桃体炎大多属于急性，因而饮食方面要多吃含水食物，以清淡为主。绿豆汤、薏米粥是不错的食物。新鲜瓜果蔬菜要多多摄取，大葱、姜蒜之类的辛辣食物要少吃或不吃。

## 日常护理：

1.通过加强宝宝锻炼，增强宝宝免疫力。感冒流行季节为宝宝服用板蓝根冲剂有助预防感冒。

2. 针对本身患有慢性扁桃体肥大的宝宝，保持用淡盐水早晚漱口的习惯是必要的。现在很多儿童医院已经有了专门的漱口液，对于慢性扁桃体炎的预防和治疗有不错的效果。

3. 注意养成爱护口腔卫生的好习惯。家长应引导督促孩子养成早晚刷牙、饭后漱口的好习惯，多食用蔬菜瓜果，少吃油炸、膨化类等容易导致"上火"的食物。

4. 注意保暖。儿童扁桃体感染发炎很多是由受凉引起的，因此天气多变时节务必注意保暖。

5. 患儿第一次患扁桃体发炎时，务必根治，以避免病灶不除再次感染。即使嗓子不疼了，也不可掉以轻心，应谨遵医嘱持续治疗。

6. 多喝茶饮料，调理体质。诸如胖大海、野菊花、箐橡草之类的茶饮不仅有清热解毒功效，还可以调理体质，增强机体免疫力。

肥胖症素来被称为"儿童成人病"，近年来发病概率明显增加。像北方的某些大城市，这样的病例已经突破20%，严重妨碍儿童的成长。也很让家长忧心。

儿童肥胖使儿童身体发育不健全，而且还会有骨骼方面的疾病，甚至肥胖儿童的反应能力也不如一般孩子，更严重的是肥胖患者自身抵抗力比较差容易被外界细菌感染，常见病有呼吸系统感染的病症。有些情况严重的孩子甚至会患有三高、动脉硬化、心脑血管疾病，以及糖尿病等许多以成人为高发人群的病症。

典型病症：

1.发病高峰期为婴儿期、学龄前期和青春期。

2.症状为：食欲大，好甜食、懒运动。

3.一般患者身材高大，体重超标，身高骨龄超过同龄人。

4.皮下脂肪主要分布在面部、肩部、胸部及腹部，比较均匀。四肢以上臂和大腿最为粗壮，肢体末端比较细。

5.男性肥胖可能导致阴茎被脂肪埋入。被误认为生殖器发育不良，其实患者性发育正常，智力良好。

6.严重者会出现通气不畅等症状。

🔍 致病成因：

一、儿童肥胖多数是饮食不健康导致的。不健康饮食表现为：

1. 喜食甜食和油炸食物。

2. 喜欢饮料和稀汤，较少吃甚至不吃含有纤维的食物。

3. 暴饮暴食，零食不断。

4. 饭后缺乏运动。

5. 经常吃夜宵。

6. 过早饮酒。

上述导致儿童肥胖的原因，应该引起重视，这样儿童肥胖病症才能缓解。

二、基因遗传

肥胖儿童父母都偏胖。这种遗传概率高达 66％。有一方偏胖，遗传概率也有 40％。

三、精神病患者

脑炎并发症。下丘脑患者或割除额叶都可能导致肥胖。心理比较抑郁或异常也会发生肥胖。

📋 真实案例：

赵先生的孩子出生时有 9 斤重，并且一直带着肥膘。今年已经 5 岁半，就有 66 斤。原来孩子喜欢吃面食，而且饭量大。看到吃的东西就想吃。虽然一直有锻炼，但收效甚微。赵先生带孩子去看爷爷，结果诊断为小儿肥胖症。

赵先生被建议改善孩子的饮食。肥胖儿童因为对食物没有要求且来者不拒，还有偏食、挑食等不良的饮食习惯，所以会导致膳食营养不均衡。另外蛋白质是人体的"建筑材料"，所以蛋白质摄入不足会影响孩子身高发育。家长发现孩子肥胖后会限制饮食，让孩子少吃，其实这是不明智的。减少孩子的食量会增加孩子对食物的渴望，一旦孩子有机会就会大吃大喝，这样反而会造成暴饮暴食的后果。爷爷建议减少孩子的饥饿感才是治疗儿童肥胖症最好的办法。

听从建议后的赵先生按正确的方法安排孩子的膳食，并鼓励孩子锻炼，一年后孩子的肥胖现象果然缓解了，只比同龄孩子重一点点。

## 治疗方法：

1.限制饮食，但也不能忽视儿童的正常发育，小儿摄入的营养要能够满足他们的基本发育所需。不能一口吃成胖子，首先我们要以控制小儿体重继续增加为主要目的，逐渐通过饮食改善使之得到控制。随后体重恢复正常便可以放松限制。

2.避免小儿的饥饿感，选择热量少体积大的食物，芹菜、萝卜是不错的选择。必要时可吃热量较低的点心，含糖量比较低的食物，如话梅、鱼干等。

3.为了生长需要，每天保证摄入 2g 蛋白质。

4.碳水化合物不仅体积大而且还能帮助人体代谢，可作为主食，可以减少人体对其他食物中糖分的吸取。

5.脂肪要少吃，尽量不吃。

6.减少总热量的摄入，以 10 ~ 14 岁肥胖儿为例，他们一般可供热量 5020J 左右，当然，具体情况因人而异。

7.维生素不能少，常晒太阳很重要。

8.以上内容说明食品要以蔬果、麦食、米饭为主，适量的蛋白质为辅。饮食管理需要家长和儿童的长期配合，这样才能达到满意效果。

9.日常锻炼不可少，家长要对孩子循循善诱，想尽一切办法提高儿童运动兴趣，并使之爱上运动。孩子可以适时参加一些柔和的运动，如慢跑、游泳和太极等。另外，家长应该全程陪同，这样效果更好。每日运动量1小时最佳。避免剧烈运动。

## 中医辩证：

中医说，小儿喂养要留三分饥寒，也就是说小孩子不能喂得太饱，太饱会给他们带来肠胃负担，给小孩子穿衣服也不应该太紧，这样不利于小儿活动，新陈代谢也就不旺盛。穿得宽松可以使小儿感到饥饿和寒冷，促进肠胃蠕动。活动多会消耗多，身体也得到锻炼。所以小儿应一日三餐定时定量，多吃高纤维食品，多吃豆制品及蔬果，避免接触容易发胖的食物。平时饮食中家长要多给孩子食用一些保健性的食品和汤水。

## 日常护理：

肥胖儿童生活上很不方便而且还可能患有心肺功能不全的病症。长大后还会有一系列心脑血管问题。所以以要从小重视孩子的肥胖问题，最好从孕期开始，切勿食用过多营养保健品，避免出现大头娃娃的现象，并且在幼儿出生时坚持母乳喂养；婴幼儿时期要定时进行健康检查，一旦发现问题就要及时采取措施改善。家长要时刻引导孩子从小养成健康的饮食习惯。注意青少年时期的孩子发胖问题，让他们多吃蔬果，保证蛋白质的摄入并且尽量少吃油炸食品和甜食。家长要监督孩子多做运动，并且要以身作则。

## 02 佝偻病是因为缺乏 维生素 D 吗

小儿佝偻病，又名软骨病，这是一种慢性营养缺乏病，多发生在 2 岁以下的婴幼儿身上，软骨病是由于人体缺乏维生素 D，继而引发磷、钙循环失常，最终引起骨骼变化。

### 典型病症：

佝偻病的病理是人体骨基质钙化不良、骨样组织异常增生等骨骼变化，根据变化程度分为轻度、中度、重度三种：

1. 轻度：方颅、串珠、肋软骨沟有轻微程度变化，人体颅骨软化。

2. 中度：方颅、串珠、肋软骨变化程度人眼可见，一定程度的 O 形腿、鸡胸，伴有出牙迟缓等症状。

3. 重度：肋软骨沟、鸡胸、漏斗胸、O 形腿或者 X 形腿十分明显，伴有病理性的骨折。

### 致病成因：

1. 维生素 D 摄入不足

非母乳的食物中的维生素 D 含量较少，无法满足婴幼儿对维生素 D 的需求，即使是用含有比例 2：1 的钙磷物质的母乳喂养的婴幼儿由于运动不足或者食用的鱼肝油等辅食不足同样容易患佝偻病。

### 2. 日照不足

波长为 296~310nm 的紫外线能将人体皮肤内的 7- 脱氢胆固醇转变成维生素 D，但由于建筑物、尘埃等大气污染的影响人体能接收的紫外线明显不足，特别是缺少户外运动的婴幼儿，在白日较短的冬季，更容易使得婴幼儿出现缺乏维生素 D 的情况。

### 3. 生长速度过快

双胞胎或者早产儿先天贮存的维生素 D 不足，出生后生长速度过快，体内的维生素 D 不足以满足生长需要，因此生长过快的婴幼儿发生佝偻病的概率比较大。

### 4. 疾病

婴幼儿肝炎、胰腺炎、慢性腹泻、先天性胆道闭锁等肠胃、肝脏疾病会影响人体对维生素 D 的吸收，肝脏、肾脏出现问题也在一定程度上阻碍人体吸收维生素 D，最终使得人体患佝偻病。

### 5. 药物

苯巴比妥、苯妥英钠等物质能提高肝细胞中氧化酶的活性，从而加速维生素 D 分解为无活性的代谢产物的代谢过程，类似糖皮质激素这类物质会对维生素 D 运输钙起反作用。

### 📷 真实案例：

小红今年上小学一年级，妈妈领着刚看完病的小红在家门口遇见了来看小红的爷爷，看到面色苍白的小红，爷爷便询问起妈妈来，小红的妈妈说小红从小就身体弱，经常晚上冒冷汗，睡不着觉，冬天经常生病，这样一说爷爷就想到了佝偻病，爷爷对小红的诊断也是如此。爷爷说，小红的胸骨外凸、方颅外翻、韧带松弛，这都是佝偻病的症状。对此，爷爷让小红的妈妈对小红进行肺脏推拿和耳穴压籽，同时在适当的穴位上敷贴膏药，以此健胃补肾。半个月后，爷爷再来看小红，小红的状态明显好转很多，睡眠质量提高了不少，一个月后，小红已经不会再冒冷汗了，腹部及肋骨外翻的现象有所改观，因此建议小红妈妈将治疗时间改为隔天一做，一个月后，小红的身体和普通孩子没有大的区别，仅仅是左侧的第十根肋骨有所膨大。

原来，小红的佝偻病的治疗关键是要从多个角度改善小红的吸收功能，使得足够的营养能被小红身体充足的吸收，丰富的营养物质能对正处在塑形期的小红的身体造成很大的影响，不断地纠正骨头的错误生长。

### ✵ 治疗方法：

对于不同程度的佝偻病应采取不同的治疗方法。

轻度：一次性口服或者肌注 20~30 万 IU 的维生素 D，间隔一个月后，再口服或者肌注同量维生素 D，并口服 0.5~1g 的钙剂，为期 1~2 个月。

中度、重度：一次性口服或者肌注 20~30 万 IU 的维生素 D，间隔一个月后，再给药 2~3 次，同样给予 0.5~1g 的钙剂，为期 2~3 个月。

恢复期：患者不必继续服用维生素 D，多做户外活动，多晒太阳。在容易复发的冬季，可以再次口服或者肌注 20~30 万 IU 的维生素 D。

在上述的治疗中，维生素 D 的量维持 2~3 个月即可，不可吸收过多的维生素 D，以免中毒。

不少孩子在成长过程中会出现挑食、厌食的现象，因此很大一部分人会因为体内缺乏锌、钙等必要元素导致生长素分泌过少，在身高和体重上可以明显地看出这一点。通过研究发现，锌元素是人体必要的元素之一，因此新稀宝片这类从天然海产品中提取出来的第三代补锌产品能促进人体对钙离子的吸收，同时不会对人体产生副作用。

## 中医辩证：

中医认为佝偻病的发病原因一是先天缺少必要的元素；二是后天对必要的元素吸收不足，同时缺少户外运动，日照不足。

中医认为肾是先天之根本，脾是后天之源泉，肾主骨髓，脾主肌肉，先天不足、后天失宜这都能引起人体的气血虚弱，营养不良加上日照不足会影响脾肾，导致骨髓补充不足，骨质疏松，甚至畸形生长。

佝偻病患者的抗病能力低下，容易感染各种疾病，甚至是肺炎，不当的饮食习惯会引起腹泻等肠胃问题。

对于佝偻病，民间有以下两种偏方：

1. 龙骨、牡蛎各 50g，加上 15g 的苍术和五味子，碾磨成细粉后用温开水冲服，每日 2 次，每次 1.5g，这种偏方适用于脾虚多汗者。

2. 牡蛎 30g，加上 10g 的苍术、麦芽和黄芪，用温水煎服，每日 1 次，这种偏方适用于脾肾亏虚者。

## 日常护理：

婴幼儿在长到 1 岁后要分季节用不同的方式预防佝偻病，夏天日照充足，应当多晒太阳，冬天日照不足，应适当补充维生素 D。孩子长到 5 岁后，为避免发生晚发性佝偻病，应在感觉乏力、身体虚弱时及时加以治疗，补充足够的维生素 D。针对母乳喂养的孩子可不必加服钙剂，至于 6 个月后断奶的孩子，应适当补充钙剂以预防佝偻病。

## 03 为什么小儿会出现 营养不良

　　营养不良并不仅意味着营养缺乏或者营养不足，营养过剩同样属于营养不良。针对前者来说，造成营养不良的因素有外科因素和医学因素，如短肠综合征、慢性腹泻和吸收不良等相关疾病，非医学因素的营养不良就是我们通俗说法中的食物短缺。在发达国家，营养不良的病人可以通过改善膳食、治疗原发病等方式来治疗。但对于大多数发展中的国家而言，营养不良是一种造成婴幼儿大量死亡的疾病，必要的营养知识和喂养技巧仅仅能解决食物一个问题，社会习俗、慢性感染等因素的交叉影响使得治疗营养不良这种病成为一大难题。

🏷 典型病症：

　　1.浮肿型，由于人体缺少足量的蛋白质，引起身体低垂部分和眼脸水肿，色素沉淀、皮肤干燥、指甲有沟横、食欲不振、时常腹泻等诸多问题。

　　2.消瘦型，由于人体热能不足，使得小儿生长迟缓，身材矮小、身体消瘦，皮肤失去弹性，精神萎靡不振。

🔍 致病成因：

1.喂食方式失当：在喂养小儿的过程中，采取的配奶方法不对，过多的水分使得小儿对蛋白质、脂肪的吸收不充足；母乳长期喂养，不为小儿补充适当的辅食，这都能使小儿营养不良。

2.疾病：慢性腹泻、慢性痢疾等慢性消耗性疾病和消化不良会增加人体对食物的需求，若必要的营养物质补充不及时就容易造成营养不良。

3.供不应求：婴幼儿的成长过程属于快速发育期，各种人体必要的营养物质的供应满足不了需求时就容易出现营养不良的情况。

📋 真实案例：

7岁的小琴脸色发黄，身体十分消瘦，父母为她炖了不少补品，可是小琴的身体过于虚弱，补汤不仅没有起到补充营养的作用，反而因为虚不胜补导致经常感冒、发烧。

有一天，小琴睡前喝了参汤，在夜里小琴的身体就出现了状况，妈妈急忙打电话向爷爷求助。

爷爷急匆匆地赶到了小琴身边，爷爷把过小琴的脉后，发现小琴属于阳盛阴虚的体质，这种体质内热十足，容易脾肾虚亏，大补的参汤起不到补身体的作用，反而会激发小琴体内的火毒，使得小琴身体不适。爷爷在得知小琴有挑食、厌食的习惯后，细心叮嘱妈妈，让她以后多给小琴做红枣山药粥和鸡肉鱼蓉汤，前者能调理调小琴的气血，缓解脾胃的压力，后者虽然清淡，但营养丰富。此后，小琴的爸妈特地为小琴制定了一套均衡饮食的菜谱，并且每晚为小琴做鸡肉鱼蓉汤，隔天让她以红枣山药粥为主食。短短一个月，小琴的妈妈就发现小琴的气色好了许多。

摄食不当是小儿营养不良的主要原因，营养不良的孩子体重不增反减，腹部、胸部、腰部、面部的皮下脂肪逐渐减少，人体运动能力下降，免疫力下降，甚至智力发展受到影响。以下几个办法是针对小儿营养不良的治愈方法：

1. 石榴皮汤

石榴皮30克，加适量的糖用水煎，用此替代小儿日常的饮品。

2. 参芪鸽肉汤

去除杂毛和内脏的乳鸽一只，将15克黄芪，10克党参，9克白术打包裹入鸽肚，用热水炖烂，每3天食用一次，连续食用4~6次，这种方法适用于气血两虚的营养不良者。

3. 山楂山药汤

取9克山楂，15克山药，25克白糖合煎，以此代替茶品，每日饮用一次，连续饮用一周，这种方法适用于脾肾亏虚的营养不良者。

中医辩证：

小儿营养不良的原因除了先天不足外，后天原因主要是小儿长期进食不足或者进食不均衡。从中医角度来看，人体吸收营养的途径是通过脾胃的消化吸收功能，人们通过吃东西，再由肠胃来消化食物并转化为营养物质供给各个部位。但是，婴幼儿的消化系统正在不断完善中，因此在遇到难以消化的食物，或者不稳定的饮食习惯时就容易引起脾胃紊乱，从而造成营养不良。

营养不良的最基本症状是小儿不断地成长，但是体重不增反减，严重的营养不良者的身体机能，甚至智力都会受到影响。由此可见，营养不良会对小孩子的生理、心理产生极大影响。

　　随着生活水平的提高，大多数小儿不会再遇到食物短缺的问题，而挑食和厌食则成了新时代小儿营养不良的罪魁祸首。因此，家长在预防孩子出现营养不良时要采用双管齐下的方式，一方面教育孩子要合理饮食，不挑食，不厌食；另一方面多下工夫制定均衡的食物搭配，多让孩子食用山药等食材，以此增强肠道的蠕动能力。此外，要注意过多的食用补品反而会因为虚不胜补伤害了孩子的身子。

## 日常护理：

　　合理喂养能有效地避免小儿出现营养不良的情况。针对轻度营养不良，应在维持基本的膳食的基础上为孩子添加适当的高热量食物和富含蛋白质的食物；针对中度营养不良和重度营养不良，补充适当的富含热量和蛋白质的食物，对于母乳期的婴儿应以孩子食欲为标准，不加以限定，对于非母乳期的孩子，应采用少吃多餐的饮食方式，喂孩子喝稀释过的牛奶，在一周后逐渐减少喂食次数，同时增加牛奶浓度和量，更大一点的孩子，应用肉末、鱼泥、豆浆等富含蛋白质的食物代替牛奶。

根据调查，近些年来我国小儿个子矮的现象越来越普遍，据分析造成小儿个矮的原因除了性腺分泌、遗传和疾病外，还有食物影响。小儿进食的质量和数量在一定程度上决定着小儿的生长发育情况，因此充足的营养物质是小儿长高长壮的基本条件。

### 典型病症：

小儿相对于同个地区的同性同龄人身高有超过 5 厘米的明显的差距，这就是民间所谓的"矮个子"。当孩子在全班孩子的身高排行中处于倒数三甲时，父母不能再单纯地认为孩子的发育期未到，而要对这种情况加以重视。小孩子的身高要从小抓起，从小就给小孩子补充足够多的富含钙的食物，很多小孩长不高并不是因为先天缺陷而是后天营养不均衡，因此补充充足的营养素能避免小孩出现矮个子的尴尬。

### 致病成因：

1."龙生龙，凤生凤，老鼠生儿打地洞"家族长辈的身高会在一定程度上影响孩子的身高，是否是遗传型的矮个子可以通过考究家族史来确定。

2.生长迟缓，这是由于后天正常变异造成的矮个子，因为不同人的体质不同，有些孩子在青春期会出现发育迟缓的现象，骨头实际年龄小于真实年龄，但青春期后身高会再次恢复到正常高度。是否是生长迟缓型的矮个可以通过研究 10 岁起到青春期时的身高变化幅度来判断。

🗁 真实案例：

有一天，小杰的爸妈抱着摔伤的小杰急匆匆地赶到爷爷家，看到孙子摔成这样，爷爷赶紧为小杰做了紧急治疗，身旁小杰的妈妈一直在指责小杰，10 岁就不学好，明知道自己身子弱还要跑出去和隔壁家小孩疯，这下摔疼了吧。爷爷随口安慰小杰的妈妈，小孩子骨头脆，天性又爱玩，摔伤是难免的。

妈妈自顾唠叨着，却没有注意到 10 岁的小杰已满脸泪水，终于，爷爷发现了小杰的异样，连忙询问起来，这才知道小杰并不是自己贪玩，而是因为个子矮，老师经常让他和女生站在一个队伍，所以他经常被人嘲笑，后来他听说爬杆可以长个子，所以才会去玩。

听到这里，爷爷伸手擦去了小杰的泪水，慈祥地说，其实小孩子个子长不高不全是没有运动的关系，饮食也在很大程度上影响了个子。这时，爷爷转向妈妈，让她多做黄豆炖猪蹄这道菜，同时指导小杰做一些适当的运动，不要做强度过大的运动以免损伤骨头关节。

2~3 个月后，小杰在妈妈的悉心照料下个子上窜了快 8 公分，小杰的爸妈为之开心，更兴奋的是不用再被取笑的小杰。

⚛ 治疗方法：

1. 适当运动：适当强度的运动能加快人体血液循环，加快骨骼的生长，据统计，有适量运动的孩子比不运动的孩子普遍高出 3~10 厘米。

2. 日照：紫外线能将人体内的某些物质转变成维生素 D，这使得肠胃对钙磷的吸收速度加快，保障了骨骼的正常生长。

3.充足睡眠：据研究表明人体的生长激素分泌高峰期是在晚上 10 点之后，因此 10 点前睡眠是促进孩子骨骼生长的必备条件。

4.均衡膳食：骨头的生长需要大量的钙、锌元素，因此合理均衡的膳食能为人体提供足量的微量元素，避免因为营养不良造成矮个子现象。

5.愉快的心情：研究发现人体的生长激素在心情愉悦的情况下分泌的量多于心情低落的情况，因此当孩子长期处于被责备、不理解的氛围中时小孩的生长发育会受到抑制。

### 中医辩证：

中医认为，脾脏是后天气血之源泉，人体生长发育所需要的营养都需要通过脾脏的吸收运输，因此如果一个人的先天胎禀怯弱，脾肾亏虚，就可能导致生长发育迟缓，个子矮小。针对这种情况，应采用健脾补肾的调理方式，促进骨骼生长。中医认为小儿长高的关键在于合理的调动人体的五脏六腑，将四肢百骸的气血充分利用起来，达到一个体内循环平衡，以阴阳平衡保障青少年的生长发育。

### 日常护理：

治疗矮个子可以通过食疗的方法，民间偏方中一周吃 3~4 次的黄豆炖猪蹄能很好地调理孩子的身体。有一句老话说："五谷宜为养，失豆则不良"，这说明自古以来豆类食物一直被人们认可，豆类中的蛋白质十分接近于动物体内的蛋白质，豆类不仅拥有最好的植物蛋白，更富含着大量的锌、铁、钾等无机盐，是中国菜品中的热门菜。猪蹄富含骨胶原蛋白，能有效地保持血管弹性和防止形成脂肪肝，因此黄豆炖猪蹄能在提供足够的蛋白质的同时解决四肢乏力、消化道出血等诸多问题。

## 05 什么原因造成小儿 "面黄肌瘦"

　　喂养不当和营养物质的供给不足将会导致小儿的生长发育迟缓，不足量的母乳喂养或者过早断奶将使得营养物质满足不了小儿的生长发育需求，营养物质的供不应求将使得小儿脾胃亏虚，营养失调，久而久之就会出现面黄肌瘦的现象。

### 典型病症：

　　面黄肌瘦的具体表现是小儿的脸色蜡黄，部分患病人群表现为面色苍白，身体抵抗力弱，抗病毒能力不强，容易患消化不良、腹泻、感冒等日常疾病。

### 致病成因：

　　随着生活水平的提高，现在的小儿在饮食上大多不会出现食物短缺的现象，但仍有不少小儿会出现面黄肌瘦的现象，不少人认为这是由于小儿营养不良造成的。其实，造成小儿面黄肌瘦的原因有很多，不合理的饮食、过量的零食、不良的进餐习惯都会影响小孩的脾胃功能，造成人体脾肾失调，久而久之就使得小儿出现面黄肌瘦的现象。引起小儿面黄肌瘦的另一大原因就是营养不均衡，由于小儿的消化系统比起成年人来说较弱，大量进食或者长期食用温补类食物容易造成脾胃消化紊乱，无法消化摄入的食物，长期处于压力下的脾胃会使得小儿出现面黄的病症，家长如果认为这是营养不良导致的，再供给大量补品，只会使得病情加重。

## 真实案例：

有一天，周小姐来到幼儿园接侄子，看到侄子身边的同学面色蜡黄，心想这孩子家境肯定不怎么好，小小年纪就营养不良了，于是就将本来要给侄子吃的芝士蛋糕转赠给了那个小朋友。可是那位小朋友毅然拒绝了，并说道除了市区最有名的几家蛋糕店之外的蛋糕他是一律不吃的，小侄子偷偷对正吃惊的周小姐说，他这位小伙伴的家庭是全班最好的，爸妈都是大公司的老总，所以这些蛋糕他都不乐意吃。

听完侄子说的，周小姐感觉到很好奇，家庭条件这么好的一个小孩，怎么身子这么瘦小，脸色还蜡黄蜡黄的，难道在家被虐待了？正好这时候那个小朋友的爸爸来接孩子放学，周小姐控制不住自己的好奇心，走上前去和那位家长攀谈起来，原来那个小朋友从小就这样，作为父亲他也一直很苦恼。

周小姐想到了爷爷，连忙打电话给爷爷，爷爷在电话那头说，这孩子看来是有些挑食啊，让他爸爸多给他做点苍术陈皮汤，同时教育他不能挑食、厌食。周小姐转述了爷爷说的话，那位家长欣然接受。

一个月后，周小姐又在幼儿园看见了侄子的小伙伴，现在的他白白胖胖的，一点儿也看不出有过面黄肌瘦的症状。

## 治疗方法：

第一是调节饮食。面黄肌瘦的小儿应少吃油腻食物，尽量以富含维生素和微量元素且容易消化的食物为主。胡萝卜是非常适合的一种食材，胡萝卜能提供 β - 胡萝卜素，这种胡萝卜素能减少消化道和呼吸道感染疾病的概率，同时能增强人体的免疫力。

第二是多吃汤羹少吃油炸食品，应多食用汤、羹、糕等以水为传热介质的烹饪方法调制的食物，减少食用烧烤、油炸食品，以此减少脾胃的消化压力。

第三是有节制的饮食，限制性的提供食品，让孩子保持食欲的前提下避免过度饮食伤害小儿脾胃。健脾补肾的中医药材有茯苓、白术、陈皮等，成品药物有参苓白术散、四君子丸等，相同作用的西药有蛋白酶、脂肪酶、胰酶等诸多消化酶，此外，酵母片和部分维生素也有相同的功效。

## ⚕ 中医辩证：

胃主肥纳，脾主运化，人体需要的营养物质主要通过脾胃的消化和吸收过程，因此只有通过进食，同时让体内的消化系统消化食物，最终转变成营养物质供给身体各个部位所需要的能量。由于小儿的消化系统相对于成人来说比较弱，因此小儿在饮食方面如果进食不好消化的食物或者随机性的进食都会造成内部消化系统紊乱，从而出现面黄肌瘦的症状。

## ⚗ 日常护理：

第一是要在膳食中添加适当的辅食，举例来说未满 4 个月的婴幼儿的唾液腺尚未发育，因此如果食用馒头、面条等淀粉类食物后无法用口腔中的淀粉酶来消化，最终会导致消化不良。

第二是在婴幼儿断奶后不可喂食过量的糖果、巧克力等甜食，也不能喂食冷饮和过热的食物，避免因为不当饮食造成脾胃亏虚，食欲不振导致营养不良。

厌食症的病发原因是人体缺少一定量的锌，体内缺少锌元素将使得味蕾功能衰弱，没有味觉也就没有食欲，同时大量含锌消化酶的活性下降使得消化功能出现障碍，最终使得小儿患有厌食症，长期不进食或者进食不均衡导致小儿的生长发育迟缓，使得小儿的体重身高远低于同龄人。锌元素会在一定程度上影响智力发展，导致青春期第二性征出现时间推迟，大量缺少锌元素会使得小儿免疫力下降，易患夜盲症等诸多疾病。

### 典型病症：

1. 食欲不振。锌会影响黏膜的功能，缺少锌会使得味觉的敏感度降低，使得小儿出现挑食、厌食，严重者会有喜欢吃泥土等怪异物质的异食癖。

2. 口腔溃疡。长期缺少必要的锌元素会使得口腔舌苔上的黏膜剥落，在外在病菌影响下出现口腔溃疡，黏膜剥落后的舌头酷似地图，因此也被称作地图舌。

3. 生长迟缓。锌是人体代谢必需的元素之一，缺少这类微量元素会影响细胞的代谢过程，影响生长激素的分泌情况，因此缺锌的孩子往往生长发育较为迟缓，在身高和体重上落后于正常儿童。

4. 免疫力低下。缺少锌的细胞的免疫功能会下降，因此在受到外界病菌感染时容易患上疾病，其中出现较多的是呼吸道感染和支气管肺炎这类感染性疾病。

5. 智力发育落后。锌能促进细胞内的蛋白质和 DNA 合成，缺少锌元素的人在智力发育上明显落后。

### 致病成因：

引起小儿缺锌的原因可分成三类：

1. 锌吸收障碍。小儿消化系统紊乱、慢性腹泻等诸多情况都会影响到小儿对锌的吸收，这类情况使得小儿无法从食物中获得足够的锌元素，有的家长用和含锌量相近的牛乳代替母乳，但人体对牛乳中锌的吸收效率并不高，使得用牛乳喂养的小儿同样容易缺锌。

2. 锌摄入不足。挑食的小儿无法从食物中获得足够的锌，这是造成小儿缺锌的主要原因。由于植物性食物含锌量少，因此长期进食植物性食物的小儿同样缺少必要的锌。

3. 锌丢失。蛋白尿、长期出汗、出血等情况都会使得体内的锌元素流失，最终造成小儿缺锌。

### 真实案例：

张太太的孩子患有厌食症，每次到了吃饭的时间张太太都要为了孩子进食的事情费尽心机，出尽各种招数，都不能使孩子对食物提起兴趣。

爷爷知道这个情况后让张太太不要太过焦虑，孩子会出现厌食的症状很大可能是因为孩子体内有一些隐性疾病，很可能是缺锌、缺铁、缺维生素。

张太太一直认为自家孩子不应该长得如此瘦小，所以每天要求孩子吃大量的米饭，但爷爷说这种观点是错误的，有这样想法的父母会过分担心孩子的生长而陷入焦虑当中，而这种焦虑又会影响之后对小孩的喂食和教育。很多喂养方式不当的父母会在孩子抗拒进食后放弃喂食，这只会滋长小孩的抗拒心理，此外，当家长心生焦虑时要善于控制自己的情绪，不能打骂呵斥孩子，以免加重孩子的厌食心理。

因此，爷爷让张太太在为孩子做菜时多改变花样，一定程度上迎合小孩子的口味，适当地添加富含维生素和矿物质的辅食。

张太太听了爷爷的话，在自己做饭时让自家孩子在厨房参观，让孩子对做饭做菜产生兴趣，消除抗拒心理，同时在食谱上大做文章，添加了大量补锌食品。短短一个月，小孩的食欲有明显的增大，生长发育也有所加快。

## 治疗方法：

日常生活中最合理最健康的补锌办法就是食疗补锌。具体的方法：第一，对于婴幼儿提倡人乳喂养。第二，给孩子喂食芝麻、花生、猪肝、虾皮等富含锌的食物。第三，克服挑食，多样化的膳食，不可以挑食厌食，少吃一些精致食物。锌是一种微量元素，锌能对小儿的代谢起调节作用，尤其是在合成蛋白质方面更是起决定性作用，因此，如果小儿缺锌，小儿的生长发育将受到巨大影响。人体代谢较快的组织是皮肤组织和黏膜组织，缺少锌元素可能使得人体味觉迟钝，造成食欲不振的现象，同时可以诱发皮炎。相比起成年人，大多数小儿有挑食的习惯，不均衡的饮食使得小儿特别容易缺锌，因此作为家长应多为孩子准备豆类、蛋类、肉类这些富含蛋白质的食物。

## 中医辩证：

中医认为，锌存在于大量食材中，因此正常的饮食能提供人体所需的锌元素，只有长期偏食、挑食、不爱运动或经常腹泻的孩子才会成为缺锌人群的一员。补锌的主要途径是通过食物补充，富含锌的食物有花生、鱼子、动物肝脏、坚果等，只要在日常生活中适当的进食上述食物，人体就不会缺锌，即使是已经缺锌的人群也能快速地补充锌元素。对于部分严重缺锌的孩子来说，食疗已不足以补充所需锌元素，这时应在爷爷指导下服用补锌药物，同时服用补钙和补铁的药物，以此促进人体对锌的吸收。

### 🛢 日常护理：

膳食多样化，饮食均衡化这都是解决孩子缺锌的基本办法。瘦肉、内脏、贝克类海产品都富含锌元素，同时蛋类和坚果类的食品也能为人体提供大量的锌元素。

补锌不仅仅是要摄入锌，更要使人体充分的吸收锌，因此小孩应在食用米饭之外适当地食用馒头、面包等发酵食品，再摄入不含植酸的奶制品，用以辅助人体吸收锌元素。

## 07 维生素 A 对小儿成长非常重要

　　维生素 A 缺乏病是一种由于人体内缺少必要的维生素 A 而引发的全身性疾病，它的病理变化是患者全身上皮组织出血明显的角质，在诸多部位中眼部病变的最早也最严重，先期是眼睛对黑暗适应能力下降，继而眼角膜干燥、软化，甚至出现穿孔，因此这类疾病又称为干眼病、夜盲症。维生素 A 缺乏病多见于长期腹泻和长期营养不良的婴幼儿，在 6 岁以上的孩子中较为少见。

### 典型病症：

　　1. 生长发育迟缓。缺乏维生素 A 会影响人体骨骼的发育和齿龈的角化，特别是对于儿童来说，维生素 A 的影响程度更大。

　　2. 眼睛适应力下降。患者眼睛对黑暗环境的适应力有明显降低，严重者会出现夜盲症。

　　3. 呼吸道疾病。缺少维生素 A 导致人体上皮组织分化不良，使得口腔、消化道和呼吸道的黏膜失去柔软性和润滑性，因此容易患有支气管炎等呼吸道疾病。

　　4. 食欲不振。维生素 A 的缺少将导致小儿的嗅觉和味觉下降，降低小儿对食物的渴望性。

## 🔍 致病成因：

1. 饮食不均衡。人乳和牛乳是人体所需维生素 A 的主要来源，在蔬菜水果中同样能供给一定量的维生素 A，因此均衡的膳食能为人体提供所需的足量维生素 A，但由于婴儿的饮食十分单调，且初生的婴儿肝脏内的维生素 A 含量在婴儿成长过程中被快速消耗，因此在奶量不足的情况下又不供给婴儿辅食则容易引起亚临床型的维生素 A 缺乏病。断奶后的婴幼儿若长期用稀饭、面糊喂养，又不添加富含蛋白质和脂肪的辅食，则容易使得婴幼儿患维生素 A 缺乏病。

2. 消化、肝胆系统疾病。肝脏是维生素 A 代谢的主要器官，胆汁中的胆酸盐能促进人体对维生素 A 的吸收，同时能加强 β - 胡萝卜素 -15 加氧酶的活性，使之转化为视黄醇，因此患有先天性胆道闭锁等肝胆系统疾病的人容易患有维生素 A 缺乏病。如慢性痢疾、慢性腹泻等消化系统慢性疾病同样可以影响人体对维生素 A 的吸收，使得人体患维生素 A 缺乏症。消耗性疾病。麻疹、慢性呼吸道感染性疾病等消耗性疾病在维生素 A 缺乏的前提下，由于人体大量消耗维生素 A 而出现相应病症。此外，新霉素及氨甲喋呤等药物能抑制人体吸收维生素 A，而泌尿系统的疾病则可以增加人体排出维生素 A 的量，在这一少一多之间人体内维生素 A 的含量急剧下降，使人更容易患维生素 A 缺乏症。

3. 锌缺乏。锌的缺少将使得维生素 A 还原酶的活性下降，大量未被利用起来的维生素 A 被排出体外，因此出现维生素 A 缺乏病。

4. 合成速度慢。糖尿病和甲状腺疾病能抑制 β 胡萝卜素转变成视黄醇的过程，从而使得大量胡萝卜素堆积在皮肤上，在与血液结合后形成黄痘，另外，视黄醇无法合成也意味着人体更容易患维生素 A 缺乏病。

4 岁的微微身体一直很健康，随着微微陪着妈妈出门散步次数的增多，妈妈发现微微越来越不对劲。一天晚饭后，妈妈带着微微散步，妈妈发现微微老是磕磕碰碰，本以为小孩子还在长身体，便没有多注意，直到迎面飞来一个皮球而微微愣愣地没有闪躲，心生警惕的妈妈带着微微来到爷爷家。

爷爷听完微微的情况断定微微应该是有轻微的维生素 A 缺乏症，虽然是轻度疾病，但是还需要重视。维生素 A 缺乏症的一个典型病症就是夜盲，白天活蹦乱跳的微微到了晚上看不清东西，以至于躲避不了迎面飞来的球。

于是，爷爷叮嘱微微的妈妈在微微的饮食中要添加适量的富含维生素 A 的食物，必要的情况下给孩子多吃点鱼肝油，甚至微量维生素 A 含片。

妈妈按照爷爷说的，经常给微微喂鱼肝油，同时在日常饮食中添加了许多富含维生素 A 的南瓜、胡萝卜等食物，3 个月后，妈妈带着微微来爷爷家玩，正好到爷爷家的时间是傍晚，爷爷发现微微的夜盲病已经有了明显好转，即使是在光线昏暗的傍晚微微也活蹦乱跳地玩耍着。

❀ 治疗方法：

1. 改善饮食，在日常生活中应多吃卵黄、肝脏和富含胡萝卜素的食物。

2. 治愈胃肠、肝胆疾病，积极配合爷爷治疗肝胆和肠胃感染以及其他全身性疾病，尽早地恢复人体的正常代谢，消除人体对维生素 A 的吸收障碍，同时加快对胡萝卜素的吸收过程。

3. 补充维生素 A，当小儿的饮食趋于正常时，人体所吸收的维生素 A 往往不足以满足身体各个部位的需求，因此要适当地为孩子提供维生素 A，这个量维持在

3000 ~ 5000IU 最佳。

中医辩证：

　　中医认为，缺少维生素的小儿常常出现食欲不振、消瘦、腹胀、毛发失去光泽，舌苔淡白等现象，这是脾肝虚亏的症状。如果病患的眼睛失去光泽，眼珠转动时，眼白呈现晕状，甚至有轻微的失明，这是脾虚肝热的症状。如果患者毛发枯燥、经常腹泻、舌苔淡薄，这是寒湿困脾的症状。

日常护理：

　　1. 加大摄入富含维生素 A 的食物

　　富含维生素 A 的食物有动物肝脏，其中每 100 克牛肝含有 5 万 IU 的维生素 A，蛋类、黄油和奶酪等食物中含有中等含量的维生素 A，猪肉、牛肉等肉类中含有的维生素 A 的量较低。富含胡萝卜素的有马铃薯、西红柿、胡萝卜、南瓜等，棕榈油中也含有大量的维生素 A。因此，在日常生活中我们应该多食用上述富含维生素 A 的食物。

　　2. 食用强化食物

　　奶制品、茶、小麦等诸多强化食物不仅保证了人体所需的基本营养物质，而且避免了过大剂量带来的危险。

# 小·儿心理性疾病的
# 成因及治理

## 01 小儿学习困难是病吗

学习能力障碍又可以被叫作特殊发育障碍，也就是说有些儿童会在某些学习，语言等方面存在某些障碍，而在这些障碍的方面会表现得和他本身的智力不相符。有特殊发育障碍的孩子需要接受特殊教育而不是普通教育。患有这种病症的孩子一般很难得到缓解，这就会导致孩子学习差。

### 典型病症：

"学习障碍"也就是所谓的由于神经心理功能受损而使得孩子在记忆力、阅读力等方面出现障碍，这种障碍和外部的环境没有直接的关系，它是一种内在的障碍，辨别这种障碍的标准是：

1.智商正常或者是在正常之下。

2.个体的各种能力之间相差很大。

3.在记忆力、表达力、阅读力、知觉力等方面，有一种能力呈现不能够发挥出来。

### 致病成因：

1.遗传原因：染色体基因位点异常，科学家通过各种方面发现阅读障碍的孩子的脑部结构和正常人不同，原因就在于在胚胎阶段血液中睾酮标准过高引发的发育不良。

2. 器质性原因：也就是所谓的内耳前庭功能异常。

3. 外部环境和营养原因。

4. 其他原因：由于孩子脑部的文字处理系统出现了问题，导致认知和语言模式无法正常运转。

## 真实案例：

刚满 5 岁的小杰很喜欢和别人沟通，但是他多动且注意力难以集中，记忆力也非常差，这就导致了小杰学习成绩很差。小杰的爸爸带小杰去看爷爷。

爷爷确诊之后，认为小杰是典型的学习障碍症，没有药物可以治疗，只能够做一些辅助和矫正的疗法，最重要的就是制订好教育计划。如果能够好好地对孩子的学习方法进行教育的话，可以减轻孩子的学习障碍。即使现在市面上有一些可以用来提高注意力的药物，但是它们实际上对于孩子的学习的推进是没有任何益处的。但是一些物理治疗，比如进行一些"神经感觉统合治疗"，"听觉神经训练"等，可以减缓孩子的学习障碍。

最终，小杰的父母给小杰做了相关的物理治疗，经过大半年的时间，小杰的学习障碍症基本好了。

## 治疗方法：

### 1. 降低要求，发展兴趣

想要让学习障碍症的同学融入学习中，第一步就是要发展他们学习的兴趣，可以从降低对他们的要求做起。

### 2.加强训练，降低障碍

除了发展学生的兴趣，想要从根本上让学习障碍痊愈，最重要的就是要加强训练，训练的项目比如可以少看点电视，因为电视会容易分散学生的注意力。还必须有针对性地强化训练。比如通过练习毛笔字、拼图等来逐步恢复学习能力。

### 中医辩证：

中医学表明，心情烦躁是由于内火过旺，津液亏虚。所以说，想从根本上解决这个问题，最重要的就是要从内而外的进行治疗。多给孩子吃核桃，能够提升孩子的学习的积极性，提高孩子的记忆力。因为核桃内富含丰富的脂肪酸，可以增加大脑细胞膜，增强记忆力。

### 日常护理：

#### 1.发挥长处，增强信心

事物都是双面性的，所以对于那些有学习障碍的人来说，这并不能够表明他们笨或者说能力不行，只能够说是因为能力没有被完全发挥出来。有些人他可能口头说话有障碍，但是在写作方面却很有天赋。所以对于学习障碍者，我们应该鼓励他们，让他们能够扬长避短，把自己的长处发挥出来，然后提升他们的信心，让他们觉得自己的能力还不错，这样就能增加学习的兴趣了。

#### 2.用心关爱，克服障碍

关爱比任何的教育计划都关键，对于那些有学习障碍的人来说，老师们的关爱往往能够让他们克服自己内心的自卑感，照亮他们的内心。因为那些有学习障碍的人比普通人掌握知识的时间更长，所以需要老师们更加耐心地教导，一定要给予学生充分的肯定，增强他们的信心，让他们能够积极地对待学习，克服自己的障碍。

**02** 什么原因导致·小·儿
多动症

小儿多动症，又名儿童多动综合征、注意力缺陷多动症或脑功能轻微失调综合征，简称多动症。注意力不集中，事件参与能力弱、学习吃力、认知障碍等是注意力缺陷的主要表现，同时患儿的智力基本正常，跟同龄的孩子相比没有任何智力缺陷，有时甚至智力高于同龄幼儿。

🏷️ 典型病症：

1. 学习吃力。多动症患儿不能集中精力学习，吸收很慢，并且会漏掉很多内容。作业完成质量差、成绩和智力不符、对他人造成干扰等。某些患儿有综合分析障碍，有的则是有空间定位障碍。

2. 部分患儿会有各种不同的神经性功能障碍。例如，比较细致的动作或者手工活动，患儿表现笨拙、经常迷路等。心理学测试说明，个别多动症患儿在注意、记忆、逻辑推理等方面，存在发育不完全障碍。

🔍 致病成因：

1. 遗传因素：双亲都曾有多动症病史的患儿，患病概率是 20%；

一级亲属患病率10.9%；二级亲属患病率4.5%；单卵双生子同病率51%～64%；双卵双生子同病率33%。科学研究表明，多动症有明显的家族遗传因素。一般多动症患儿的父母，在幼年时期，也有多动症病史。

2. 受神经递质缺陷影响：多动症患儿体内DA和NE的代谢物质较正常儿童来说，含量较低。提示5-HT功能失调。此外，另有研究证实，多巴胺β羟化酶活性增高跟其行为及动作有关，同时，儿茶酚胺氧位甲基转移酶(COMT)活性增高则跟注意缺陷以及攻击性意识有关。

3. 发育缓慢：多动症患儿存在着不同程度的神经性功能障碍。一般表现在较精细的动作中行为笨拙、方向感不明确，左右不分、视听困难等。例如口吃患者，就属于大脑功能异常。许多研究表明，神经系统发育迟缓的主要原因是大脑皮质的觉醒不足。

4. 社会心理因素：一个人的成长先后受到家庭和社会环境的影响。因此，有学者提出，社会环境和家庭环境的质量，以及个人境遇跟多动症有着直接的因果关系。

5. 其他因素对身体造成的影响：例如意外事故造成的身体伤害；各种药物、食物的过敏反应、各种元素的缺失等，也有可能引发多动症。

### 📋 真实案例：

陈晓已经10岁了，学校的老师跟家长反应，孩子很调皮，上课时小动作频繁，不仅不注意听讲，还经常忘记带书本，不按时完成作业等。父母为此十分头疼，也带孩子看过不少医生，但就是没效果。后来有熟人介绍让他们带着陈晓来找爷爷看一下。

爷爷根据多年的经验诊断，陈晓的病情属于多动症。并指出，利他林在治疗多动症方面效果明显。有助于幼儿集中注意力，进而逐渐改善多动症状。因为确实在很多病例中，可以调节患儿的行为，该药品对幼儿的心理发育也有一定的促进作用。不过，任何事物都不是万能的，利他林也有一定的缺陷：那就是，它不能根除多动症的病根。

只是有一定的暂时抑制多动症的作用。因此，爷爷叮嘱，在服用一段时间后，根据药效适当地增减药剂，并且在用药过程中要时刻反映病情。

爷爷还吩咐说，用药过程中，家长同样要抓紧教育环节，切忌责备、打骂，跟孩子沟通要讲究方法，要有耐心。

## ⚛ 治疗方法：

1. 针对控制多动症的冲动和控制行为，认知行为疗法相对有效。这种疗法主要以角色扮演的方式，通过语言对自己进行指导、表扬以及批评来逐步改善病情。一般短期治疗的效果比长期好，最好限制在 10 ~ 15 次 /1 疗程，1 次一个小时。

2. 改变教育方式，配合病情，利用病症。根据孩子的不同特点，采取因人而异的教育方式，配合不同的特点，进行有针对性的特殊教育，最终实现跟智商相符的成绩标准。

3. 社会化的技能：多动症患儿，往往因为其行为异常，被视为是异类。这是错误的对待方式。应当辅助儿童的社交技能，帮助多动症儿童融入集体。

4. 躯体的训练项目：多动症患儿往往缺乏耐性，做事具有冲动不顾后果的特点。进行适当的躯体训练，可以间接地抑制自我冲动和攻击行为。同时躯体训练项目的独立特点，不会让患儿受到群体场合中的排斥干扰，有助于他们听从指导，增强自尊心和自信心，逐渐从躯体训练项目中得到益处。

5. 选择正确的交流方式，增加父母和孩子之间的良性互动。需要治疗的不仅是多动症患儿，还有家长。家长应该试着了解和学习，怎样的交流方式更有效，怎样的批评方式是孩子可以接受的，怎样跟孩子一起营造和谐的沟通氛围等。

## 中医辩证：

中医认为，小儿多动症有以下四种常见辩证：

肝肾阴虚型：肝主藏血，肾主藏精。精血是相互依存的，精足则血旺，肝、肾才得以滋养。因肝血不足或肾精亏损，均可导致肝、肾阴虚，故以滋补肝、肾为主。

心火旺盛型：由于心火扰神，容易睡不踏实，急躁易怒。心火上炎，会引起口渴、舌红等症状，因此以清泻心火为主。

痰湿内阻型：小儿脏腑娇嫩，生机勃勃。往往阳常有余，阴常不足，如果后天调护不当，则可能有损于脾的运化，使脾虚失运，水湿内留，聚而成痰，上蒙清窍，神机不利，易引此证。此证在肥胖型儿童中常见。因此以健脾养胃为主。

痰热内扰型：先天体质较弱，阴常不足，易于生热，如若后天调护不当，或久食肥甘厚味食品，应以清热化痰为主。

## 日常护理：

1. 患儿的饮食应以高热量、高蛋白质、高卵磷脂食物为主。

2. 多吃富含锌、铁的食物和果仁类食物。有助于脑部的发育，尤其可以多食用葵花籽，可以有效调节脑细胞代谢、改善抑制功能的物质。

3. 少食含有酪氨酸（挂面、糕点类）、甲基水杨酸（西红柿、苹果、橘子）的食物。不宜食用辣的调味品如胡椒之类，也不宜食用酒石黄色素。

4. 少食含铅食物。铅容易引起孩子视觉运动、记忆感觉、形象思维、行为的变化，容易引发多动症。

5. 少食含铝食物。食铝过多会导致智力和记忆力的减退、食欲不振、消化不良等现象。因此，面条、油条等含铝食品不宜吃太多。

## 03 小儿神经性厌食的成因及治疗

厌食是因精神因素或身体疾病引起的饮食障碍。通常患者会刻意地节制饮食，甚至拒绝食物，造成体重快速下降，甚至一度维持在正常水平以下，其中，因神经因素诱发的厌食症，也被称作"神经性厌食"。

针对婴幼儿疾病的调查显示，神经性厌食是比较普遍的常见小儿疾病之一。主要是由于不良的饮食习惯阻碍了身体对营养的吸收，也使食物中枢的兴奋性逐渐下降，最终诱发小儿神经性厌食。

### 典型病症：

1.因为瞬间的惊吓刺激导致的神经性厌食：很多小儿在瞬间受到突然的惊吓之后，会有明显的精神萎靡不振，饮食不佳、胆小怕惊等表现。由于这种情况引发的厌食症状，时间不会太长。

2.某些家庭不幸的突然发生，导致的亚急性神经刺激厌食：例如离异家庭的小儿，在父母离异后，不能很快的接受这样的变故，也会有情绪低落、食欲不振、呕吐等表现。

3.先天性体质较弱诱发的顽固性神经厌食：例如病患往往有体弱多病，体寒、贫血、心律不齐或过慢、四肢无力等持续性亚健康情况，受类似因素引发的厌食属于顽固性神经厌食症，往往治疗的时间也相对较长。

4. 个别病患的神经性厌食呈周期性发作，厌食期间，呕吐现象时有发生。

## 致病成因：

### 1. 饮食起居无规律

上班族或学生族在假日和平时，作息区别明显。饮食起居的变化过大，影响到一起生活的幼儿的三餐饮食，起居习惯。同时，正餐和零食的比重失衡，也给小儿从开始就树立错误的饮食意识。

### 2. 家居环境中的高辐射

现代生活的电子设备几乎随处可见，家居环境中的电视、电脑、游戏机等产品，这些在孩子的成长过程中所扮演的是引导还是诱导角色？家长没有全面从孩子的角度考虑清楚，合理安排。

### 3. 用餐的质量

用餐内容的营养只是做到提供了孩子需要的养分，但是用餐心情的好坏、过程气氛如何，直接影响到孩子对三餐的感觉，消极的情绪一定影响饮食的心情以及身体对食物的消化。

## 真实案例：

丢丢，男孩，2岁。妈妈说，自从宝宝长牙之后，吃的东西的种类慢慢变多，在吃上从不吝啬给宝宝花钱，尽可能满足宝宝的要求。但让父母头疼的问题，就是出在"吃"上，而且越来越严重。

妈妈说，丢丢的每日三餐，是最费时间的。一餐的饭量很少，吃不上几口，就怎样喂都不吃了。因为宝宝已经学会咀嚼了，家里买了饼干、奶糖、蛋糕、果汁，只要是宝宝可以吃的零食，几乎就没断过。因为宝宝饭量少，这样做是怕他饿的时候，没有东西可以吃。但是久而久之，问题严重了，孩子的嘴越来越挑，不喜欢热食，爱喝冷饮，喜欢的东西一下子吃好多，不喜欢吃的碰都不碰一下。现在几乎已经不吃饭了，完全以零食代替。一旦不顺心思，就哭闹不止，直到满意才停下。妈妈试过纠正丢丢的饮食，但是小宝宝就是不配合。爸爸只是觉得，既然零食管用，就用零食好了，只要吃东西就行。但在最近这两个月，宝宝越来越瘦，舌苔厚腻泛黄，经常只要不顺心就随时哭闹不止。这两天开始肠胃明显不舒服，大便干结，排便不畅。

根据爸爸妈妈的形容，以及亲自对丢丢的诊断，爷爷确定，丢丢的症状属于神经性厌食的表现。主要原因是那些避免宝宝饿肚子的零食。家人一开始就给丢丢提供了足够的零食资源，久而久之，宝宝就形成了"零食充饥"的意识。加上，零食的味道本身对小宝宝就是诱惑，也难怪丢丢会选择不吃饭。爷爷建议丢丢的父母，先把宝宝混乱的时间规律化。帮助宝宝养成合理的用餐习惯，在这个基础上，纠正宝宝的厌食偏食。

丢丢的父母按照爷爷的指导，对宝宝的饮食进行了调理。配合孩子的喜好，先转换零食的口味，适当删减零食的种类。比如酸、甜、油腻以及生冷食品，先不给孩子吃。同时，注意采取合理的方式，不用带有强迫、哄骗性质的方式让宝宝进食，用餐过程中切忌说教管制，避免孩子因不良刺激产生逆反心理，加重厌食症的病情。另外，还要注意照顾孩子的感受，避免情绪紧张和身体过度疲劳，影响食量和用餐质量。大概一个月左右的调理，丢丢的厌食状况明显有所改善，体重也逐渐恢复正常水平。

❀ 治疗方法：

1. 合理的饮食习惯：纠正患儿的不良用餐习惯，制订合理的三餐计划，每天的营养是否均衡，根据身体的吸收，适当增加需要的热量（最好每周加 1 ~ 1.5kg）。同时确保患儿进食过程中的心情，避免由于非自愿进食出现藏饭、呕吐等现象发生。

2.适当的控制患儿的运动量：根据患儿的不同情况，增加或减少运动量。并针对患儿的类型，量化到具体的时间段。比如，对于过劳，运动量过大的病患，就应该限制其活动的时间。饭后不可运动，应该卧床休息，至少多少时间，每天应该阅读或者看新闻多久等，把日程量化，并且根据患儿的表现给予一定的奖励和惩罚，来鼓励或者督促患儿用心完成。

3.先认同，再修正：从意识上以退为进，站在患儿的角度引导患儿修正认识。从病患厌食的原因着手，以患儿的方式表示理解其行为的初衷，并且认同患儿的目的是可以实现的，同时如果改善一下实现的方式，就可以更健康愉快地达到效果。在逐步得到患儿的接受后，从方式上，帮助患儿树立饮食的健康观念，让患儿自我修正错误的意识。

4.结构式家庭治疗：因该障碍患儿的家庭结构常存在问题，因此着眼于整个家庭的结构的家庭治疗，先改善患儿家庭结构中的问题，有利于患儿的康复。


## 中医辩证：

中医诊断中所说的"纳呆"，其实就是现代医学中的厌食症。中医认为，厌食主要是由于进食不当、饮食无度的不健康的饮食习惯，对脾胃造成了一定程度的伤害，然后又因为持续性的不当对待，导致脾胃功能失调，演变为厌食症。临床学分为实证、虚证。

脾胃失调的原因是停食、停乳。病患大都舌苔泛白、脉滑数，常常有睡不安眠、四肢发热、食欲不振、呕吐、腹胀、腹泻等病症。此证主要以消为主，辅助病患改善消化功能，保和丸方较为常用。

不同于实证的消滞，虚证者则以调补为主。此类病患，因久病耗损，伤及元气，导致脾胃皆虚，所以消化功能下降，影响了食欲，常常面色暗黄、精神不振、脉细弱无力，排便溏稀等。应该以健脾养胃为主，提升脾胃机能，常用理中汤进行调试。

日常护理：

慢性的精神刺激或因情绪过度紧张引起的神经性厌食，经常诱发小儿神经性厌食症。而且很多女宝宝，从小就很注意自己的形象，也会因为"早熟"的审美意识，有意识地节食，严重者也容易诱发神经性厌食。

1. 时刻注意宝宝的情绪变化。

家长要关注宝宝的情绪问题，避免因为瞬间的情绪转变引起的心理因素诱发神经性厌食。比如，家里某位老人、亲属的辞世，父母之间的关系不和睦，家庭环境的不稳定导致时常搬家等因素，一旦忽视了孩子的感受，往往是小儿神经性厌食的主要病因。因此，始终留意并安抚宝宝的情绪，让宝宝在快乐的情绪中成长，是家长有效预防小儿神经性厌食的有效措施。

2. 适当的户外活动调节身心平衡发展。

健康的身体需要合理地加强体育锻炼。幼儿时期，适当地给宝宝安排户外运动，配合规律的饮食起居，合理地安排室内及户外活动，从小培养宝宝树立"劳逸结合"的观念，也是预防神经性厌食的有效方式。

3. 树立正确的审美观念。

某些病例研究发现，病患对身材的审美，常常引发病态的减肥心理，进而导致一些顽固性的神经性厌食的病发。这种现象，多见于很多肥胖患者群体。因为长期对身材的追求，过度担心肥胖对身材的影响，最后采取一些非正常的节食方法，造成厌食或者加剧病情。因此，家长必须注意，从小树立正确的审美观，培养宝宝养成健康的审美标准至关重要。

学龄期是小儿焦虑症的频发期。根据对少儿疾病的研究显示，小儿焦虑症是学龄期儿童的常见病症之一。患儿往往情绪不稳定，尤其是在陌生的环境中，会感到焦虑不安，非常敏感，害怕老师的批评，过分在意他人的看法，随时担心会被嘲笑等等。宝宝的注意力倾向于关注尚未发生的事情，这种对未来的不乐观预想，随时都有，哪怕是一件微不足道的小事，也能被患儿想象成洪水猛兽，自己吓自己。

焦虑症的发作是频繁的突发性病症。患儿因为极度不安、过分焦躁，常常导致睡眠质量低，多梦、噩梦、梦话连连等精神问题。同时伴有头疼、神经功能失调、心跳不规律、呼吸急促、尿频、尿急、多汗、间接性情绪不稳等病症表现。患儿通常害怕独处，怕黑，不敢独自入眠，必须有家长陪同入睡，夜间不敢独自如厕等等。

🏷 典型病症：

1.身体紧张：焦虑症患儿往往因为神经紧张、全身紧绷，行动极不自然。经常神色紧张，唉声叹气。

2.自主神经系统反应性过强：患儿常有呼吸急促、心跳过快、眩晕、四肢身体发冷或发热、容易出汗、尿频、尿急等症状。

3. 对尚未发生的未知情况不自觉地担心臆测，俗称杞人忧天。

## 🔍 致病成因：

### 1. 遗传因素

医院研究表明，焦虑症同卵双生子的同病率 (54% ~ 55%) 明显高于异卵双生子同病率 (7% ~ 9%)；由此可见，焦虑症有明显的家族聚集倾向。而女性一级亲属的患病率是一般人群的 8 倍，女性在一级亲属中患其他情感障碍的比例也明显高于其他亲属，因此进一步证实了该症状有很大的遗传因素。

### 2. 不良的家庭环境

焦虑症患者一般都有一段时间的养成期，而大多数的病症养成都源于家庭环境。通常这类病患的父母，必然有一方在家庭中，占有绝对的主导权，习惯性支配他人，事事干预；另一方则处于被动地位，事事听之任之，没有发言权。家庭环境、相处模式非常迂腐，对孩子的干预和保护也都极为过分。

### 3. 人格特征

焦虑症患儿的不安有一部分原因是出于自卑感在作祟。患儿对自身非常不满，但不会想法改变，而是自我放弃，逃避现实，伴有回避性人格特征。

4. 个别患儿存在不同程度的受虐经历，造成难以走出的心理阴影。

## 📁 真实案例：

高先生的女儿 8 个月大。平时特别乖巧。最近高先生发现：每到星期一，女儿就会哭闹不止，为什么呢？

先说一下高先生的家庭状况。首先，高先生和妻子的工作都很忙，女儿基本交给外婆照顾。因此，宝宝跟父母很少见面。只有周末的时候，才能跟父母团聚。星期一，爸爸妈妈要去上班了，又要等一周才能见到。于是宝贝立刻"变天了"——烦躁不安，哭闹不止，几乎每次都要持续一整天。而这种情况，已经有两个月了，而且越来越严重。

爷爷诊断后，确定宝宝患的是"分离性焦虑"。这类症状在学龄前幼儿身上时有发生，程度各异。这一阶段，恰恰也是孩子跟家长之间建立亲密感、信赖感的时期。当宝宝面对跟父母的分离，就会越发感到不安。这种现象常见于8~16个月的宝宝。如果不加以调节，最终会演变成焦虑症，甚至对宝宝以后的生活埋下隐患。例如，升学、考试、毕业、工作，任何情形都可能引起他们的恐惧。而且恐惧感日复一日终将影响一个人的正常生活。

爷爷建议，高先生夫妇通过捉迷藏的游戏来帮助宝宝适应这种分离情景。让宝宝认为，父母在跟自己做游戏，父母只是暂时藏起来了，但并不是消失了。等到宝宝适应了这种分离情景，父母可以尝试慢慢延长跟宝宝见面的周期，鼓励宝宝勇敢地认识周围的世界。这样也有助于培养孩子的独立性。同时鼓励孩子多跟其他的小朋友交朋友，分散对父母的注意力，对孩子的社交能力也是不错的锻炼。

## 治疗方法：

### 1.尽量消除环境对患儿造成的不安因素。

首先避免太多的环境变迁。改变家里的不和谐因素，让患儿跟家人在感情上相互支持和交流。行为方面则可以采取以巴甫洛夫经典条件反射原理同时以理论为指导，消除或纠正患儿的不良行为。最后在认知疗法的基础上，配合行为疗法，通常效果不错。

2.分散患儿注意力

患儿主要是因为把注意力集中在了所依恋的人身上，所以会被牵动情绪，因此，应该把孩子的注意力转移，分散对父母的关注。这样就可以逐步地融入周围的环境，发现新的事物，慢慢地会越来越习惯父母不在的时候。

## 中医辩证：

从中医理论讲：心神不安是由肝失柔和之象所致，因此要治疗患儿的持续性紧张不安，应该以调养心神为主。

## 日常护理：

1.增加少量的活动可以改善精神状态和恢复自信，给宝宝合理地安排户外活动、社交活动。以简单、轻松、有趣为主，有利于减轻焦虑症状。一切以抚平宝宝的焦虑为中心，切忌千篇一律。

2.适当地让患儿接受"无奈"状况，关键是让患儿接受并从焦虑中走出来。而不是被消极的无能为力给锁住。

3.在饮食上给宝宝减轻焦虑。适当选择偏寒凉的食物和偏酸甜的食物。酸甜的口味可以缓解人的紧张感，山楂、苹果、山里红、赤豆、大枣等都是。肉类则以家禽类的白肉——鸡、鸭、鱼等肉类为主。

　　儿童的情绪障碍主要源于社会心理因素。这些跟幼儿的生存环境、家庭结构以及自身境遇是密不可分的。它有很多刺激因素，如不良的家庭环境、不合理的教学方式，是否有过焦虑症、恐惧症、强迫症之类的病史等。

　　情绪障碍源自患者自身经历过的痛苦，一旦处理不当，将继续影响患者以后的生活。情绪障碍通常不会有器质性病变，而且自成年后就很少复发。病史也不会太长。

🏷 **典型病症：**

　　1. 焦虑症：焦虑症是幼儿早期社会性和情绪发展的核心表现。新生儿一般只有开心、不开心，饿、不饿，疼、不疼等直接的生理反应。只有当婴幼儿开始有了感情上的触动之后，才会有依恋、不舍、焦虑等反应。因此，焦虑症是幼儿早期最开始的情绪问题。

　　2. 恐惧症：恐惧情绪一般常见于儿童时期。几乎每一个儿童的心理发过程都必然会经历一段恐惧时期。

## 致病成因：

### 1. 社会心理因素

儿童的生活非常单纯，但在家庭和学校这两个环境中，也会遇到各种刺激因素。家人的苛求、学校的不合理对待、意外事件的发生等都可引起潜伏已久的情绪反应。

### 2. 遗传因素

父母将遗传基因传给子代，子代不仅继承了父母的体貌特征，也包括个性和情绪反应特征。

### 3. 儿童时期曾有严重的躯体疾病病史，在疾病治疗的过程中也容易产生情绪问题。

## 真实案例：

5岁半的乐乐人见人爱。从两岁开始，就一直由妈妈照顾。但是自从妈妈开始上班后，和乐乐在一起的时间就少了很多。通常，早上乐乐早还没睡醒，妈妈已经出门了。晚上乐乐已经睡觉了，妈妈才回家。

3岁时乐乐被送到了幼儿园。结果宝宝从一开始的安静，发展到哭着闹着不想去幼儿园。"她哭闹得满地打滚，有几次还差点晕过去。"妈妈说，孩子这样反常让她很担心，于是来找爷爷咨询，爷爷对乐乐进行了仔细评估，说明乐乐是儿童情绪障碍的症状。

爷爷说，3岁是孩子对家长产生依恋的关键期。而这段时间妈妈对乐乐的关注反而少了，这是孩子诸多情绪的源头。不想去幼儿园，是因为想跟妈妈在一起。建议妈妈以过家家的方式，模拟场景，让孩子慢慢适应从家去幼儿园的这个阶段。

## 治疗方法：

1.激发孩子对上学的热情，让孩子对学习的本身有兴趣。凡事要顾及孩子的自尊，考虑孩子的感受，达到愉快上学的目的。

2.沟通很重要。父母应该常常跟孩子聊天，而不是问话。目的是让孩子放松，给孩子减压。

3.行为强化治疗。在患儿对新环境表示出期待的倾向时，要及时鼓励，宝宝会觉得这是一件会被鼓舞的事情，会越来越喜欢，并开始融入新的环境。

4.心理治疗：咨询专业的心理医生，对孩子进行合理的治疗。

## 中医辩证：

中医认为儿童情绪障碍属于"心病"范畴，素体虚弱、性情孤僻、怯懦、复伤七情：喜伤心，其气散；忧伤肺，其气聚；思伤脾，其气结；恐伤肾，其气怯；惊伤胆，其气乱。本病为心、脾、肺、肾、胆亏虚或痰热内阻为患。

## 日常护理：

1.三四岁幼儿正是开始认识周围环境的时候，而未知造成的恐惧在所难免，家长应该表示理解。

2.与孩子一起讨论他怕的事情然后有针对性地消除恐惧。例如：孩子对地震、洪水、战争等感到恐惧，家长可以告诉他在这样的事发生时如何应对，并跟宝宝约定，到时候，就这样保护自己和家人。

3.如果孩子在一段时间内，莫名地感到恐惧，说不出原因时，那么家长应该耐心地听宝宝说自己的感受，然后从中找寻原因。

## 06 小儿会患上孤独症的原因

小儿孤独症又名童年孤独症，是幼儿成长发育过程中一种常见的心理障碍。其中，男孩病发较多，主要表现为不同程度的间接性失语、沟通障碍等。大概有 3/4 的患儿伴有明显的迟钝现象，而部分患儿会在一般性智力落后情况下，会出现某些特异功能 ( 岛状能力 )。

### 🏷 典型病症：

1. 孤独症患者与别人的亲密度都较差，对客观世界反应冷漠，缺乏同情心，不愿分享，包括分担自身的痛苦。也不会期望别人的帮助。

2. 不善于表达，并常常以借代方式，称自己为第三人称，( 把自己称为 "他" )，或者以某些特别的词语表达的意思只有自己明白。

3. 行为刻板又行事大胆、自寻刺激。严重者甚至有自残表现。

4. 对特定的某个人或事物甚至某个物件的摆放，都有他特殊的依恋，不准他人接触。

5. 有时几乎没有情感波动，有时反应又异常明显。特别是碰触了他在意的东西时。

6. 部分患者会有认知障碍：比如想象力不够丰富、对事物概括不够准确、概念衔接及整合能力发育不完全。个别还会有嗅觉、味觉、触觉的异常反应，或者明显的视觉、听觉加工能力发育不完全。

## 致病成因：

### 1. 遗传因素

孤独症患儿的家族病史相比正常家庭明显较多，而且手足之间的患病概率高出正常人群 50 倍以上，说明，孤独症的病发与家庭遗传密切相关。

### 2. 围生期因素

有研究提示，产前和产中存在脑损伤的孤独症患儿，从一出生即表现出一些孤独性症状；存在产后脑损伤因素的患儿，则是在一段正常发育时期后才出现孤独性症状。

### 3. 影像学研究

功能性脑影像技术 (SPECT 和 PET) 发现患者的大脑皮质代谢呈弥漫性减弱及局部脑血流灌注降低。但样本例数不多，尚不能确切解说孤独症的认知异常。

### 4. 免疫学研究

部分孤独症患儿存在 T 淋巴细胞数量减少、辅助 T 细胞和 B 细胞数量减少、诱导抑制性 T 细胞缺乏、自然杀伤细胞活性减低等，显示出孤独症患者的免疫功能系统异于常人。

## 真实案例：

魏小姐的宝宝已经 2 周岁了。魏小姐说，宝宝 14 个月的时候，还会叫妈妈，说拜拜，饿的时候会说要喝奶之类的。但是慢慢地，她发现，宝宝不爱说话了。之前魏小姐觉得孩子说话有早有晚，也没在意，但是现在，宝宝不但不说话，都完全不跟别的小朋友交流，只自己玩，特别安静。更严重的是，叫他也没反应，现在连她这个妈妈都不理了。

爷爷看过孩子之后，说孤独症现在在幼儿中愈发常见。宝宝这种就是典型的小儿孤独症。主要原因就是家庭环境和家人的沟通。因此，爷爷给了几个建议，先缓解孩子的孤独症。

这类患儿大多不用言语来表达，喜欢用尖叫和动作表现。因此爷爷建议魏小姐，当宝宝用这些方式表达要求的时候，不要满足他。让孩子尽量以语言来表达自己的想法。

另外与孩子在交流的时候，尽量用简单的词汇，培养宝宝的理解能力，鼓励宝宝跟他人交流。

## ⚛ 治疗方法：

1.针对孤独症，尚没有任何的特效疗法。但对大多患者而言，综合治理是通用疗法。其次，可从行为上对孩子的不良举止进行修正，逐渐增加自信。

2.家长应该调整好自己的情绪。这对正确地和孩子交流和进行教育至关重要。过程漫长，需要耐心。

3.教育和实践相结合。在实践中帮助孩子掌握和提高社交能力、人际交往能力，以及各种学习能力。

4.心理治疗：(1)逐渐强化已形成的良好行为，进一步摒除不利于病情的、影响社交职能的异常行为；(2)多帮助他人，在帮助别人的过程中，认识自己与同龄人的差异和不足，发现自己的问题并解决。激发自身的潜力，发展有效的社会技能。（适用于智力损害不重的患者。）

5.适当地使用一些药物辅助，主要是改善患者的病情。

## ⚕ 中医辩证：

中医认为，小儿孤独在中医范畴内属"五迟"之症。主要是先天胎禀不足、肝肾亏损，加之后天失养，气血虚弱所致。病因多由父母气血虚弱，先天肾亏所致。先以六味地黄丸滋养其血，再用补中益气汤调养其气。主要可分为心脾两虚、肾气不足两个类型。

## 日常护理：

1.加强生理期保健，做好早期预防工作。防止烟、酒、毒等有害物质的侵害。

2.如果婴儿在 18 个月时有以下特征表现，那么在其 30 个月时就很有可能被诊断为孤独症。因此，应该对以下行为进行干预：

(1)目光没有焦距，面部表情缺失。对亲密行为没有明显表现，而且对于家人的呼唤经常没有反应。

(2)对周围的人缺乏兴趣，更加关注光线和声响。

(3)重复模仿他人的言行，或者总是沉浸在自己的自言自语中，而且会突然地尖叫、大哭或大笑。

(4)对周围的儿童不予理睬。对玩具摆放有其固定模式，而且不准有人改变。

(5)有如转圈圈、重复蹦蹦跳跳、咬手指、撞头或其他自残行为。

(6)一岁以前就会说一些有隐含意义的言语，又会失语，不再言语。

seven

第 七 章

小儿常见性家居疾
病的治疗及护理

老 中 医 爷 爷 的
朋　友　圈　2

## 01 小儿惊厥主要成因及治疗

　　小儿惊厥是一种很常见的病，主要是脑神经功能混乱所引发的，一旦出现全身或局部肌群大幅度抖动并有意识障碍，则很有可能患上小儿惊厥。这种病发生的概率特别大，主要是婴幼儿。几乎5%左右的小儿都出现过这种症状。但如果屡次或持续出现这种症状，不仅可能留下后患，影响到小孩的治理，更有可能对生命造成严重的影响。比起大人，小儿更容易发病，甚至能达到成人的十倍左右。

### 典型病症：

1.前期症状：患者可能出现精神极度紧张、烦躁，且容易受到惊吓，呼吸时快时慢非常不稳定，瞳孔大小也改变，脸色也变差了，体温也急速的上升。

2.典性症状：发病前没有任何征兆，忽然间患儿就会没有意识，脑部倒向后方，大部分眼白暴露出来，脸部和四肢不自觉抖动，嘴里吐出白色不明气体，紧咬住牙齿，呼吸不规律，脖子僵硬，严重时大小便都会不受控制。惊厥时间也可长可短，最终会睡着或昏迷。在病发时或病发后一段时间内观察，能看到瞳孔的扩大，对光的反应较缓慢。发病结束不久意识就会慢慢转好。

## 致病成因：

小儿惊厥的原因可能会以下几种：

(1) 高热惊厥

高热惊厥是由于扁桃体发炎、肺炎等急性感染性疾病在高热时导致中枢神经过于激动，最终引发神经功能紊乱而致的惊厥，发病概率极高。

(2) 颅内感染

中枢神经系统被细菌、病毒等感染，导致脑部损害。颅内感染的患儿通常会发生头昏脑胀、发热、呕吐、昏迷、嗜睡、惊厥等一系列病症。

(3) 中毒性脑病

主要体现在原发病的过程中，中枢神经系统症状的忽然出现。在原发病的基础上出现的急性脑损害，类似头晕目眩、焦急，呕吐、惊厥、昏迷等。

(4) 婴儿痉挛症

全身性发作的小儿癫痫就是这种病症的一种特殊类型，而导致这种病的原因有很多：产伤、先天性的代谢、不正常的发育都可能引发。

(5) 低血糖症

由低血糖引起的症状主要体现在脸色苍白憔悴、疲倦、无力、多汗、心慌气短、惊厥等。严重的低血糖有可能引起惊厥的反复发作。

(6) 低镁血症

由于血镁的降低，肌肉的兴奋性及应激性就会增强，此时激动的情绪可能会引发惊厥的症状。

有一个名叫诺诺的三岁小孩，有天晚上忽然全身僵硬、痉挛。这种情况一天就有一两次，后来就算体温降低，也会发作。父母就跟爷爷说，之前也有过高烧，但后来就好了，不知这次是怎么了。爷爷说6个月到4岁的孩子很容易因高烧而抽风，有些孩子在以后发烧时也会抽风。他还说应按孩子以前的服用量给其喝药。阿司匹林应与镇定药物合用，退热止抽的效果会很好。除了服药还应用冷水毛巾敷在额头上，用40%左右的酒精擦浴，直至皮肤发红，也可用冰袋置于腋下等这些大血管部位，帮助体温的下降。然而抽风时引发的其他病症也要采取相应的措施。及时清除口腔内的分泌物，用缠上布的薄木片塞在牙齿中间防止抽风时咬破舌头。做好保护措施，少作刺激孩子的动作或行为举止，避免孩子受到外界影响。

## 治疗方法：

1. 病情发生时，应马上将患儿平放，把领口解开，头部偏向一方，让分泌物流出，以免引发窒息。若已窒息，应实行人工呼吸，吸出分泌物。

2. 用缠有纱布的压舌板放进嘴里，以免咬伤舌头。

3. 使环境安静下来，千万不能将患者抱起大声呼喊。

4. 高热时，应先降温。如果惊厥时间太长，都应给予吸氧来缓解脑部缺氧。

5. 病发时，什么东西都不能吃，等神志稍微清醒则可以适当吃点流质食物。

6. 若有需要，可用针刺人中、合谷等穴位。

7. 尽快送到医院，并向医生汇报一些病情，如惊厥的时间、惊厥的次数、大小便的状况等，以便于医生对病情的诊断及做出正确的结论。

中医辩证：

高热惊厥在中医上属于"急惊风"的范围。中医认为，这种病症是因为热急生风所导致的。一般采用急则治标缓则治本的原则。急时，用针刺入人中、涌泉等穴位，以最快的速度控制住抽搐，然后再用中药慢慢调理。当病情发作之时，热势比较高，四肢抽搐，双眼呆滞，大概持续 4 分钟就会有一定的缓解。缓解过后如果还是很热就应及时退热，要不可能会因其病情的再次发作。一般在这种状况下，中医都会采用清热解毒等方法，至于中药可以选用羚羊角、生石膏、桑叶、寒水石、郁金等，也可用牛黄镇惊丸、小儿牛黄散等中成药，还可以冲服羚羊角粉等。

日常护理：

1.加强对小儿身体的护理，带小儿做适当的身体锻炼。如果在室内要保持窗户长时间开着，且尽量让小孩到户外多走动走动，使身体越来越适应环境，这样也能减少感染性疾病的发生。

2.要注意营养的搭配，除了奶类的食品之外，还应当搭配别的食物来调节膳食。像鱼肝油、钙片、维生素 $B_1$ 和维生素 $B_6$ 以及各种矿物质都是不错的选择。绝对不能让小孩感觉到没吃饱，因为很有可能会发生低钙和低血糖性惊厥。

3.给小孩吃药时，一定要合理安排，千万不要让小孩服错药品，这样对小孩的身体健康是有极大的危害的。

4.看护小孩时一定要仔细认真，千万别让孩子跌倒，尤其保护好小孩的头部，万一撞跌头部就有可能引发脑外伤，还要记住不管多着急都不能用手随意打小孩的头部。

夜啼症，是指婴儿每至夜间就持续啼哭或阵阵啼哭，但白天无异样的一种病症。中医认为，孩子之所以爱当"夜哭郎"，主要是孩子的肺气不宣，心肺受热，以致心肺不调，燥热内蕴；或因寒气侵袭，脾胃双虚，寒痛而啼；又或是白天受到惊吓，惊恐侵袭脏腑而啼。

### 典型病症：

除上述外，小儿夜间啼哭的原因还有很多，如饥饿、生病、尿布浸湿、饮食不当、消化不良、皮肤瘙痒等。在体质方面还有很多原因，需要辨症治疗。

1. 心火内盛

症状：可见小儿白天烦躁不安、夜间啼哭不止、面红、身热、眼屎多、哭声大、泪多、大小便异常、指纹红紫。舌尖红、舌苔黄。

2. 惊骇所为

症状：主要有入睡后惊动易醒、醒后啼哭不止，或夜间突然啼哭，哭声不止、面色发红、鼻周发青、面色青灰、指纹青紫。

3. 脾胃虚：

症状：先天不足的小儿常出现此症，症状可见食欲差、体弱多病、面色青白、四肢发凉、哭时无泪、大小便异常、指纹淡红、唇舌淡红、舌苔薄白。

## 🔍 致病成因：

本病主要原因是惊恐、心热、脾寒。

导致婴儿夜啼的常见原因有脾寒腹痛。主要是孕妇吃太多生冷物、胎禀不足引起的；或用冷乳哺食，中阳不振，导致寒邪内侵，气机不通引起疼痛，或因护理不当，腹部中寒而啼。夜间，脾为至阴，腹中有寒气，入夜后因腹中作痛而啼。

如果孕母脾气暴躁，或喜欢吃香喝辣，或服用过多温热药物，把热气传给了胎儿。出生后热气不散，积热上扰导致心神不安而啼。或因心火旺，夜间不寐而啼。一整晚都哭个不停后，白天就可以安睡了，由于白天睡过多，入夜又啼。反复如此，循环不止。

小儿因神气怯弱、没有太多主观意识，如果看到异常物，或闻异声，很容易受到惊恐。受惊后，神气大伤，导致心神不宁，睡不安稳而啼。

## 📖 真实案例：

三更半夜，一对中年夫妇敲开了爷爷家的门，满脸愁容地请求爷爷问诊。爷爷问孩子的身体状况，年轻夫妇一一细说，孩子身体没有什么毛病，也没发烧，白天也不怎么见哭或咳嗽之类的。但晚上就不一样了，好像是因为看到什么突然受惊吓后就断断续续地哭。爷爷询问孩子哭的情况，妈妈就说，孩子一哭就是半个小时左右，中间停一会儿，过后又持续哭半个小时。爸爸妈妈看着孩子哭，觉得心特别痛，由于不知道孩子为什么哭，给他喂奶，他也不吃，就是一直哭到脸颊胀红，有时喘不上气就会停下来，反反复复。

爷爷一听，大概了解了究竟，立刻给孩子把脉看症，发现孩子身体确实没什么问题，但看孩子的舌头，估计孩子可能是燥热内蕴导致气息不顺、心肺不调而哭，当哭得厉害时，甚至喘不上气，可能是肺气不顺造成的。因此，爷爷让中年夫妇去买点新鲜的莲子芯，混合甘草来泡茶给孩子喝。爷爷还说，刚开始时，这个莲芯甘草水，可以代水喂孩子喝。但孩子夜啼不频繁的时候，一天喝200毫升左右即可。

中年夫妇按照爷爷的叮嘱，刚开始的三四天，每天给孩子喝莲芯甘草水，孩子夜啼的状况好转了很多。大概一周后，孩子到了晚基本上不会哭了，夫妇对此很开心。


## ✳ 治疗方法

### 外治疗法：

用肉桂、吴茱萸、丁香等量研细末，和普通膏药一起，贴于脐部。或将干姜粉、艾叶炒热，用纱布包裹，放在宝宝的小腹部，从上至下，反复多次地熨。或用于脾寒气滞证。

### 推拿疗法：

1. 按摩脑门、四神聪、百会、风池（双），由轻到重，交替进行。患儿停止哭后，仍继续按摩2~3分钟。用于惊恐伤神症。

2. 平肝木，揉百会、分阴阳，运八卦。脾寒者揉足三里、三阴交、补脾土，关元；心热者揉小天心、泻小肠，内关、神门；惊恐者太冲，揉印堂、清肺金、内关。


## ⚲ 中医辩证：

中医认为小儿夜啼的原因主要有心热、脾寒、食积、惊骇。(1)惊骇恐惧，症见夜间心神不宁，惊惕不安，睡中易醒，梦中啼哭，面红或泛青等，脉象唇舌多无明显变化。当镇惊安神。(2)乳食积滞，症见夜间啼哭，睡卧不安，厌食吐乳，腹痛胀满，大便酸臭，舌苔厚腻，指纹紫滞。当消食导滞。(3)心热受惊，症见小儿夜寐不安，一惊一乍，面赤唇红，口鼻出气热，大小便异常，舌尖红、苔黄，脉滑数。当清热安神。(4) 脾胃虚寒，症见小儿不思饮食，面色青白，四肢欠温，喜伏卧，腹部发凉，弯腰蜷腿哭闹，大小便异常，舌淡苔白，脉细缓，指纹淡红。应当温中健脾。

## 日常护理：

1. 用温水给宝宝洗澡，并轻柔地按摩，有助于宝宝安定心神，轻松入睡。

2. 睡前可用被单将宝宝裹紧，给宝宝营造一种安全感。

3. 白天不让宝宝睡太多。若超 2 个小时，就要叫醒宝宝，让宝宝玩。

4. 从头顶往前轻轻地抚摸宝宝的头部，并小声地哼唱催眠曲，能让宝宝放松心情，安然入睡。

5. 白天多抱着宝宝走动，并帮助宝宝做一些运动，消耗一下宝宝的体力，对宝宝晚上睡眠有益。

## 03 小儿烧伤的家居急救方法

小儿烧伤是指 12 岁以下的儿童受电能、热力（火焰、热水、蒸气及高温固体）和化学物质等作用引起的损伤。幼儿和学龄前儿童容易受伤，尤其是 1~4 岁的小儿。小儿烧伤的发生率约占烧伤总人数一半，烧伤的原因，多半是开水、火焰和稀饭烧伤。据报道，我国因小儿烧伤致死的约有 18%。

### 典型病症：

1. 创面可见焦痂、红斑或水泡。

2. 严重烧伤患儿可能会休克。如脉搏加速、血压下降、面色苍白、四肢冰冷等。

3. 创面疼痛。

### 致病成因：

烧伤一般是指由热力（如火焰、蒸汽、过热的液体或固体等）引起的一种损伤。烫伤是烧伤的一种。

烧伤是一种较常见的意外事故，仅 20% 不是在家里发生的，一半以上都是儿童。造成烧伤的物品，常有开水、电力、煤气、蒸汽、化学物品等。烫伤一般发生在未满 3 岁儿童的身上。

真实案例：

红红 3 岁，由于贪玩，不小心把手伸到煤气灶上被火烧伤了一大块，红红的妈妈很担心，就立马去找爷爷。爷爷一看，叫红红的妈妈不要太担心，吩咐红红的妈妈首先用凉水冲洗一下伤口，然后轻轻地帮孩子把衣服脱下来，在伤口及周围涂上美宝湿润烫伤膏。如没有药膏，也不能涂抹酱油和牙膏等，但可先用植物油代替。这样处理后，如果红红的伤口还不好转，那就要马上带她去专科医院治疗了。

爷爷说，小儿烧伤以后，如果不及时适当治疗的话，很有可能留下疤痕或造成功能障碍，严重影响孩子身心健康，因此家长务必要对孩子烧伤烫伤引起重视。在孩子烧伤烫伤后，要带孩子去专业的正规医院治疗，这样，不仅能在治疗过程中减少孩子的感染和痛苦，还可以减轻功能障碍和避免留下疤痕，同时，还能让孩子早日康复。

几天后，红红的妈妈对爷爷说，女儿烧伤的伤口差不多好了，但担心伤口会留疤，于是爷爷就让红红的妈妈取一些新鲜的芦荟肉敷在伤口上，这样，可减轻烧伤的疤痕。6 个月后，爷爷遇到红红，发现如果不认真看原来的伤口，还真没发现曾经被烧伤过，为此，红红的妈妈十分感谢爷爷。

治疗方法：

（一）化学烧伤

立即脱去沾有化学物质的衣服，然后立刻用流速快的冷水龙头冲洗创面，冲洗时间通常持续半个小时左右。注意任何化学烧伤都是不能用热水冲洗的。

（二）电击伤

电击伤，简单点说，就是人被电流所伤。现场急救就是迅速拔掉电源和就地救人。有人触电时，现场人员不要慌张，要尽快想办法切断触电者所接触的电源。

（三）热力烧伤

1.冷疗：指用冷水对创面冷敷、淋洗或泡浴等，通常用于中、小面积烧伤。简单有效、不受季节限制，在冬天也可使用。

最好是刚受伤时立马进行冷疗，大概用多冷的水，要看患者忍受程度，一般都是用5~15℃的自来水。冷疗持续时间最好在 20 分钟以上，直至创面疼痛减轻或疼痛感不明显时为止。

2.如烧伤不太严重，可拿清洁毛巾或被单外裹，然后去烧伤专科医院。避免涂抹有颜色的药物，如龙胆紫、红汞等，以利判断创面深度。尽量不要涂牙膏、油膏等，否则，不利热量及时散发和造成清创困难。

3.脱离热源　衣服着火时，要立马脱下，如果一时半会儿脱不掉，就立刻卧倒在地，慢慢打滚灭火，或利用附近灭火的水源，不能用手扑火，那样会使手部深度烧伤，并且有时会适得其反。遭到热液、开水烫伤时，要马上脱掉浸湿的衣服，如果来不及脱衣服，可用冷水冲洗降温湿热的衣服。不然湿热会加深受伤程度，并且创面上盖湿热衣物不利于热量的散发。

中医辩证：

中医认为烧伤是因热气导致的，热气盛引起肌肤腐烂，时有外毒内攻的可能性，因此，认为除热外还应排毒。其病因机制仍是热毒。因而在治疗上，多采用清热解毒疗法。热毒或火毒，轻则犯皮毛，重则伤筋骨、肌肉。一般温热病的"火热"与其"火"、"热"不同，一般烧伤多为阳明实热之症，主要侵犯中焦。热邪是一种病，损气耗阴。烧伤必有瘀血凝滞，或多腐肉脓血。因此，对于一般烧伤的治疗，应采取以下疗法：①清热解毒；②活血逐瘀；③托里排脓；④养阴生津；⑤益气理脾。如有并发症，则需根据病情治疗。

📋 日常护理：

　　家里经常会发生孩子不小心被烧伤、烫伤的事故。但由于家长没有及时处理和治疗，而让孩子的痛苦更深，留下疤痕的概率也更高。

　　首先，不要慌张。若是蒸汽烫伤、火烧伤或开水烫伤，只要烧烫伤面积不超过40％，并出现水泡和明显疼痛感的，属浅度的、小面积烧烫伤。此时，要立刻用冷水或冰水把伤处浸泡30分钟至1小时，等到没有疼痛感时，再慢慢地脱掉伤处的衣服，赶紧包扎后去医院。若受伤面积不大，用冷水浸泡后并涂些常用药物再包扎即可，几天后会自愈。因此，家中应常备些烧烫伤药物以备不时之需。若伤处浮起水泡，不要刺破，用干净的纱布包扎好，去医院处理。如果用牙膏、酱油等去处理伤口的话，极易引起伤口感染。

　　在受伤时立刻用冷水敷创面对治疗有很大的好处：①可减轻疼痛；②可以减轻水肿；③使创面的一些毒性物质以及继发性损伤减轻，使伤口更快愈合和让疤痕变淡。用冷水敷小面积的烧烫伤百利而无一害。

　　受伤部位是在头部或呼吸道的伤者，即使面积很小，也是有可能出现合并症的，除用冷水立刻处理外，还应在家里准备点盐水供伤者口服，防止发生休克，等有条件了，马上送到医院去。

> 烫伤是种常见的外伤。火焰、蒸汽、热水等都是造成这种外伤的原因。由于对周围环境认知不足，再加上天生好奇心的驱使，小儿发生意外烫伤的概率非常高。情况严重时，烫伤可能会导致儿童肢体残疾或死亡。

### 🏷 典型病症：

烫伤的症状往往表现在两方面：局部肌肤损伤以及整个身体系统的反应。

1. 皮肤组织内的蛋白遇到60℃以上的高温，就会马上凝固。一旦蛋白凝固，细胞随之死亡。皮肤烫伤程度往往由三个因素决定：皮肤厚度，受热时间以及物体的温度。一般情况下，70℃的物体可以让成人的皮肤在一秒内产生水泡。新生儿的皮肤更加脆弱，50℃的热度就可以造成这样的伤害。

2. 烫伤引起的后果可轻可重，严重时，会导致人体休克。而休克往往分为两种：早期休克和继发性休克。顾名思义，早期休克通常出现在烫伤发生初期，持续时间不长。烫伤带来的精神刺激及疼痛往往是其发生的原因。而继发性休克比之前者严重许多，常常导致脉搏低弱，血压下降，少尿或无尿，低血钠与酸中毒等情况，危害到伤者的生命。

## 🔍 致病成因：

导致儿童烫伤的因素有许多：

1. 刚学会走路的儿童，常因碰触到高温物体，引发皮肤烫伤。这种情况下，受伤的部位与正常皮肤之间的边界能轻易分辨。

2. 年满 2 岁的幼儿，行动能力有了很大的提升，所以常能接触到火柴、炉火等，从而被明火烫伤。这种烫伤的边界不能清楚辨认。

3. 烫伤还可以由物体爆炸引起，比如烟花爆竹等易爆物。这种情况发生得较少，一旦发生则情况较为严重。

4. 不小心接触到高压电或是被雷电击中，也会形成烫伤。这种情况也较为罕见。

## 🔲 真实案例：

两岁大的小路，在洗澡时被烫伤。烫伤面积较大，达到 25％ 的比例。创面大都分布在下肢、臀部以及背部，有体液渗出，并出现水泡。妈妈急坏了，连忙带着小路向爷爷求助。爷爷非常有经验，快速诊断后，马上采取保痂治疗，将磺胺嘧啶银药膏涂抹于创面。爷爷还叮嘱，一定要勤换药，每天换药要在 10 次以上。如果伤口被感染，则会并发败血症，所以抗生素是必需的。爷爷建议开始液体治疗，并认为保温箱密闭性很好，可以将孩子置于其中，并请专人看护，以降低感染的概率。如果双手未消毒就直接接触孩子，极易引发交叉感染，一定要尽力避免这种情况。受伤后，孩子的免疫力会有所下降，因此应对饮食加以关注。这时候选用的食物，应该是清淡并富含营养的食物，不能选择"发物"。

父母严格遵守爷爷的指导，小路的伤情慢慢好转。

救治烫伤的措施应根据烫伤的具体情况来选择。

1. 一度是最轻度的烧烫伤。在这种情况下，应立刻用凉水进行"冷却治疗"，这种方法虽简单，效果却很好，实施起来也非常方便，就是将烫伤部位浸入凉水之中，大概半小时，疼痛就可以止住。该疗法具有很强的时效性，如果超过 5 分钟才实施，则只能止痛，不能防止起水泡。这是因为，烫伤热度不会马上就消散。不要小看这些余热，它可是会加重伤势。因此，一旦被烫伤，马上实施"冷却治疗"，不但可以止痛和降温，还可以散去余热，防止水泡的产生。相对于凉水，冰块更适合用于该疗法。这样处理之后，应马上涂抹上药物，万花油或烫伤膏都是很好的选择。如果没有药物在手边，可以选用鸡蛋清。

如果烫伤的是不适宜浸泡的部位，可以借助毛巾实施该疗法。先用毛巾包裹住伤处，再浇上凉水或是敷上冰块就可以了。

如果伤处被衣服包裹住了，这时候，脱掉衣物会扯落伤口的皮肤，不仅会增加感染的概率，还会让患者痛不欲生。因此，最明智的做法就是利用凉水或是食醋（食醋的作用：止痛、杀菌、消肿、散痛及收敛）。将上述物质浇于烫伤处及四周，虽然隔着衣服，也可以达到效果。这时候再脱掉衣物就不会损伤肌肤了。再如上所述，实施治疗就可以了。

2. 如果患者严格实施了"冷却治疗"，效果却不明显，仍然起了水泡，疼痛也没有减轻。这说明烫伤情况比较严重，达到二度的级别，赶紧前往医院是最正确的做法。

3. 三度是最高级别的烫伤，应尽快送往医院。在这之前，任何药物都不要用，保持伤口的清洁，防止污染才是最重要的。

## 中医辩证：

对于较轻且面积不大的烫伤，自行上药即可。美宝润湿烧伤膏及京万红都是很好的治疗烫伤的中成药。不怕麻烦的话，还可以自制药物。

1. 生地榆、黄芩、黄柏、生大黄都是治疗烫伤的好药材，取等分该四味药并研成粉末，再加入适量白凡士林和冰片，搅匀即可使用。

2. 把蛋黄炒至出油，取该油涂抹。注意要用熟蛋黄来炒。

3. 取 3 克冰片、15 克枯矾以及 30 克花椒。将后两者炒熟并研成粉末，再加入冰片，最后取麻油调用。

## 日常护理：

**孩子烫伤后的饮食调理**

1. 最开始两天，应禁止进食，如果条件允许，可以少量进食。第 3 天开始恢复饮食，开始食用安素、米汤，随后循序渐进地增加流汁食物。应坚持少食多餐的原则，并选用容易消化、清淡的食物。

2. 半流质食物可在一星期后选用。

3. 新鲜的蔬菜汁和果汁是很好的选择。

4. 爱伤期间，绝对要忌口。发物之类，比如海鲜、牛奶、鸡蛋等，是绝对要禁止的。酸辣的食物，比如醋、葱、姜、蒜、辣椒等，也尽量不要吃。

## 05 预防小儿近视的家居护理疗法

如果眼睛里的屈光系统将进入眼中的平行光线屈折后，该光线仍无法落到视网膜上，这就说明眼睛近视了。儿童也会出现近视的情况，但他们的近视往往与成人的情况有所区别，有其自身的特点，属于屈光不正的范畴，往往是在多种因素的影响下逐步形成的。

### 典型病症：

1.近视眼患者往往看不清远处物体，但能看清近处物体。对于高度近视者而言，远、近视力都存在问题。造成这种情况的原因在于，他们的脉络膜及视网膜出现变性现象，屈光间质出现浑浊不清的情况。

2.中、高度近视者容易出现外斜视的情况。

3.近视患者容易出现视疲劳现象，例如：头痛、眼痛、眼胀，严重时，看东西会出现虚影。造成这种情况的原因在于辐辏过度，从而导致眼部肌肉过于疲劳。

4.高度近视不仅让人视物不清，而且会影响眼球的形状，导致眼球变长，呈外凸的形状。

## 🔍 致病成因：

1. 现代医学的研究结果表明，高度近视具有遗传的特性，如果父母都是高度近视，则孩子患高度近视的概率比其他同龄人要高出许多。

2. 用眼习惯往往是造成近视的重要因素。近距离用眼或是长时间用眼，都是非常不好的用眼习惯。青少年在 7~10cm（正常的距离为 30~35cm）的距离下，也能正常阅读写字，这是因为他们的眼睛调节功能很强大。但长时间保持这种距离进行阅读对眼睛有很大的伤害，它会让眼睛长时间处于调节和辐辏状态，从而使眼部处于压力增大以及充血的状态，并使眼睛轴线变长。当这种变化超过一定幅度时，真性近视就形成了。长时间用眼对眼睛的危害也不小。这种情况下，眼部肌肉长期处于紧张状态之下，从而使眼睛看不清远物，这就形成了近视。

3. 阅读条件不理想也是造成近视的重要因素。太亮或是太暗的地方都不适合阅读，在太亮的地方阅读时，书页会将光线反射过来，让人不仅看不清，而且会让眼睛受到刺激。太暗时，阅读者不得不保持近距离阅读，同样对眼睛不好。一部分青少年喜欢在走路时或是坐车时阅读，这也是非常不好的习惯。这时候的阅读条件非常不理想，因为身体不断在动，则书本与眼睛的距离也不断在变动，这就要求眼睛不停地调节和辐辏，眼部肌肉非常容易疲劳。人躺着时，阅读条件也相当糟糕，因为两只眼睛不在水平状态，辐辏和调节的强度也很大，长时间下来也会导致近视。

4. 维生素、锌、钙、铬等营养物质的缺乏也会导致近视。

## ⊞ 真实案例：

6 岁的云云被足球砸到头，开始出现疼痛及头晕的现象，云云的妈妈不敢耽误，马上带着云云找到爷爷。

爷爷诊断之后，告诉云云的妈妈，云云的伤势并不严重，被砸处虽然红肿了，但气息平稳，脉象也很正常。但爷爷想不通，伤处在云云的额头上，她为什么没能躲开？是身体反应不过来？还是看不清楚呢？本着为患者着想的原则，爷爷特意问了云云当时的情况。

云云告诉爷爷，她有近视，足球虽然是冲她来的，但她根本没看清，等看清楚时，根本没法躲开了。妈妈也补充了情况，原来云云的视力一直在降低，现在已经要带200多度的眼镜了，而且还有散光，眼镜每年都得换新的，否则就看不清。接着，爷爷给云云诊断了眼睛，并提出食疗的法子——枸杞肉丝炖鱼胶。这个法子果然有效，云云连着服用一个月的时间，视力下降的情况就得到了控制。

## 治疗方法：

枸杞肉丝炖鱼胶对改善儿童和青少年的近视有很好的效果。据药典记载：鱼胶和瘦肉不仅养阴补血，而且滋肾润肺；枸杞也是种很好的中药材，清肝明目，滋阴补肾。因此，这个方子不仅适用于青少年，对长期用眼的虚劳精亏型近视者来说，也是很有补益的膳食，可以改善各种眼部问题，比如夜盲、目昏不明及视力不断下降等。

另外，钙、维生素 A 和维生素 B 可以多补充，甜食尽量少摄入。

## 中医辩证：

中医认为，营养不均，血气不足，虚劳精损是造成近视的因素。视网膜之所以变形，主要在于它得不到充足的养分。因此，中医提倡食疗的方法，认为只要循序渐进地改善个人的饮食习惯，同时调整好用眼习惯，视力必定能得到极大的改善。

📋 日常护理：

1. 家长应培养儿童正确的用眼习惯，阅读时应让眼睛与书本保持合适的距离，这个距离通常为一市尺。

2. 用眼时间不宜过长，一般 30~40 分钟是最适宜的时长，之后应休息 10 分钟左右。做眼保健操、眺望远方及多看绿色植物都是很好的休息方式。

3. 读书写字需要适合的光源，不能太强也不能太弱，最好位于身体左侧。

4. 每天坚持体育锻炼也是改善视力的好办法。

5. 儿童都喜爱观看电视节目，如果没有正确的方法，这种爱好将给视力带来极大的影响。正确的方法：距离电视的距离与荧幕的大小有直接关系，前者应为后者对角线长度的 5 倍；每隔 30~40 分钟要休息一次；另外，在室内留一个小瓦数的灯源，也是正确方式之一。

6. 近视者应多食用瓜果蔬菜、动物内脏等，以补充各种维生素，另外，注意补充各种微量元素，例如铬和锌。要补充这两种元素，可以多吃些牛肉、黄鱼、海带等食物。另外，过甜的食物应尽量少吃。

7.5~9 岁的儿童可以多进行乒乓球、羽毛球之类的运动。球体在运动中不停地进行着灵活的变化，眼睛也会随之不停运动，这可极大地发展儿童眼睛的功能。

## 06 让小儿跟蛔虫说"拜拜"的小方法

蛔虫病是常见的寄生虫病之一，往往是由于小肠或其他器官内寄生有蛔虫所致。由于免疫力低下，儿童往往是该病症的高发人群。该病症的传染源分布较广，如果人接触到被传染源污染的物体，则可能吞入虫卵而受到感染。携带虫卵的灰尘一旦被人体吸入，也可能被吞下，继而患上蛔虫病。因此，人体往往容易感染该病症，而且通常重复感染。蛔虫病给人体带来较大的危害，因此被称为"消食病"，它还会引起其他的病症，例如：蛔虫性肉芽肿、阑尾炎、蛔虫性胰腺炎及胆道蛔虫症。

### 典型病症：

1.蛔虫处于幼虫期时，患病者并无明显症状。如果患者于短时间内，食用了大量被感染期蛔虫污染的食物，则情况较为严重，可能引发嗜酸性粒细胞增多症、哮喘或蛔虫性肺炎。这些病症暴发之前，一般有7~9天的潜伏期。

2.蛔虫病的病理反应往往由成虫引起，大多数情况下，症状并不明显，表现为：食欲不振、消化不良、便秘与腹泻交替出现等症状。这些症状往往不明显，容易被忽视。部分患者会出现腹痛的症状。该疼痛通常发生在肚脐四周，多次且不定时发作，用手按压时，无明显压痛感。该病症有时还会引发神经方面的病理反应，例如：异食癖、磨牙、夜惊、惊厥等。这些病理反应常见于感染该病症的儿童。

### 致病成因：

全球每 4 人中就有 1 人感染蛔虫病，是全球最常见的寄生虫病之一。其高发地区主要集中在热带及温带，而卫生情况欠佳或经济欠发达地区的发病率往往更高。我国也是蛔虫病发病区之一，各省市都存在感染情况。从全国统计数据来看，成人的发病率往往低于儿童，城市人口低于农村人口，发病率与性别因素无关。

患病者或感染者的排泄物是蛔虫病的传染源，该传染源往往用做肥料，从而污染了地面土壤。如果人接触到被污染的土壤，例如农田，则其中的蛔虫卵可能通过口部进入人体内，进而使人体患上蛔虫病。另外，食用被污染的食物也是感染蛔虫病的常见原因。

### 真实案例：

3 岁的扬扬，最近一直肚子痛，服下止痛药也不管用。某天，扬扬突然腹痛难忍大哭大闹，接着竟然从嘴里吐出了蛔虫，家人这才意识到问题的严重性，赶忙带着孩子向爷爷救助。

爷爷诊断之后，认为病症并不严重，服用些药物即可。父母却犯难了，他们告知爷爷，扬扬一吃药就哭闹不止，所以要请爷爷想个其他办法。

爷爷灵机一动，给了个偏方。这个偏方的原料其实很常见，就是丝瓜籽。爷爷告知，这个偏方做起来相当方便，就是将丝瓜籽炒熟，然后去皮吃籽肉。数量不必太多，30克就够了。服用次数也不用多，一天一次就可以了。但切记，一定要空腹时服用，并且要嚼烂再吞下。

偏方果然很灵，两三天后扬扬的身体就好转了。

扬扬父母非常感激爷爷，又特意来向爷爷道谢。爷爷叮嘱他们，蛔虫病复发率极高，因此关注个人卫生和食品卫生非常重要。手部是容易被污染的部分，小朋友一定要做到饭前便后洗手，防止感染。儿童对于自身病症往往无自觉，家长应该时时关注孩子的身体变化。如果出现疑似蛔虫病症状，应立刻就诊，不能耽误治疗的时机。如果已经确诊，除了服用相关药物，家长还可能采取辅助手段来治疗，例如，推拿法。该法较为简单，家长先找到季肋和剑突，然后用拇指紧贴住前者，并沿着前者的边缘推压至后者。随后，找到腹白线，并沿着它向下推，距离不要太长，1寸即可。该方法简单易行，在家就可以实施，可以有效缓解患儿的腹痛，驱虫效果也很好。

## 治疗方法：

1. 苯咪唑类药是常用的驱虫药，阿苯达唑就是其中之一。该药为口服用药，一次400mg即可达到较好效果。一般建议，首次服药10天后应再服用一次。

2. 胆道蛔虫病较为棘手，普通的杀虫药并不适用。病情较轻时，可以中西医方法并用来减轻疼痛和痉挛或驱虫，条件允许时，可以采取内镜取虫的方法来治疗。如果患者病情较重，就不得不实施外科手术来治疗了。

## 中医辩证：

丝瓜籽自古就是治疗蛔虫病的药材之一。中医讲究食药同源，《食物本草》一书中写道："苦者：主大水，面目四肢浮肿，下水，令人吐。甜者：除烦止渴，治心热，利水道，调心肺，治石淋，吐蛔虫。"正如书上所说，驱虫、通便、利水、清热这些功能，丝瓜籽全都具有，所以能有效治疗蛔虫病。但这味药不是所有人都可以服用的，据医典记载，"若患脚气、虚胀、冷气人食之病增。"另外，怀孕或是脾虚之人都应忌服丝瓜籽，否则会出现肠出血、呕吐、腹泻等症状。

🗒 日常护理：

1.治理蛔虫病的关键是控制传染源，一方面应杀死患者或携带者体内的蛔虫或虫卵。另一方面，要加强对人类排泄物的管理，实施粪便无害化措施。

2.要防治该病，饮食卫生和个人卫生非常关键。饭前便后应坚持洗手，大小便不能随时随地进行，另外不要食用生水及未煮熟的食物。